悦色

INFINITE HOME COLOR MATCHING

インテリアデザインのための配色事典

无限可能的 ∞
家居配色手册

红糖

U0307518

中国水利水电出版社
www.waterpub.com.cn

·北京·

图书在版编目（ＣＩＰ）数据

悦色：无限可能的家居配色手册 / 红糖美学著. ——
北京：中国水利水电出版社，2018.5
ISBN 978-7-5170-6464-0

Ⅰ．①悦… Ⅱ．①红… Ⅲ．①住宅－室内装饰设计－
配色－手册 Ⅳ．①TU241-62

中国版本图书馆CIP数据核字(2018)第092879号

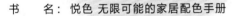

书　　　名：	悦色 无限可能的家居配色手册
	YUE SE WUXIAN KENENG DE JIAJU PEISE SHOUCE
作　　　者：	红糖美学　著

出版发行：	中国水利水电出版社（北京市海淀区玉渊潭南路 1 号 D 座　100038）
	网址：www.waterpub.com.cn
	E-mail:sales@waterpub.com.cn
	电话：（010）68367658（营销中心）
企　　划：	北京亿卷征图文化传媒有限公司
	电话：（010）82960410、82960409
	E-mail:service@bookexplorer.cn
经　　售：	全国各地新华书店和相关出版物销售网点

印　　刷：	北京东方宝隆印刷有限公司
规　　格：	185mmx208mm　20开本　10印张　56千字
版　　次：	2018年 7月第 1版　2018年 7月第 1次印刷
定　　价：	69.90元

前言

随着社会的发展，人们对生活质量的要求也越来越高。家是人们生活的港湾，因此拥有一个舒适、心仪的家居环境可以让我们的身心受益。

在家居装饰中，比起材料与造型，色彩往往能带给我们更直观、更具冲击力的视觉效果。在实际家装中，可以通过色彩来弥补房屋的不足，让家居环境更美观。更重要的是，运用色彩来营造我们期望的空间氛围，可以满足我们对美好生活的追求与渴望。

本书通过开篇十个常见的家居配色问题引入，以精简的文字结合丰富的图示讲解家居配色实际操作时需要了解的问题；基础知识部分分为两个章节，分别讲解了色彩的基础知识以及色彩与居室环境的关系，让读者可以培养基本的色彩感知，并且更加敏锐地感受居室色彩的魅力。本书在配色技巧方面的内容十分丰富，不仅讲解了软装的色彩搭配技巧，还针对不同的房间、不同的户型进行配色分析，让读者在实际进行家居配色时能够对症下药；最后两章提供了大量的优秀家居配色案例，色彩的色标、色名备注完整，帮助读者完成理论到实践的自然过渡，让读者可以自如应对爱家的色彩搭配。最后的附录部分提供了立邦和多乐士的部分墙面漆色卡，以及不同的色彩意象搭配方案，让读者可以将书本上的理论知识快速运用到家居配色的实际操作中。

本书适用于家居配色设计入门读者、家装行业人员、软装设计师等，既能为专业设计师提供一流的家居配色指导，又能为每一位爱家人士带来经典的常用配色方案。

关于本书的色标

▌色条

下图中的色条一般运用在家居案例图的下方，可直观地表现案例的配色方案以及色彩间的关系，使读者能更好地理解和感受。

▌色块 + 数字色标

加数字色标通常与色条结合使用，主要目的在于指明色彩的 CMYK 和 RGB 数值，便于读者在电脑软件上进行配色。

● C-M-Y-K
R-G-B

6-26-12-0
237-204-207

13-28-44-0
226-192-147

C:6 M:26 Y:12 K:0
R:237 G:204 B:207

C:13 M:28 Y:44 K:0
R:226 G:192 B:147

▌色条 + 文字解说

通过色条与对应的文字解说来对家居案例配色进行细致的讲解，帮助读者更好地理解与体会。

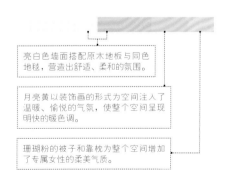

亮白色墙面搭配原木地板与同色地毯，营造出舒适、柔和的氛围。

月亮黄以装饰画的形式为空间注入了温暖、愉悦的气氛，使整个空间呈现明快的暖色调。

珊瑚粉的被子和靠枕为整个空间增加了专属女性的柔美质感。

▌调色板 + 色名

调色板中的色块大小表示该颜色在案例中所占的面积比重，比如面积较大的两个色块在多数情况下表示墙面和地面的颜色。色名可以让读者感受到色彩的魅力，并且便于读者在实际运用中进行口头描述。

栗色

棕黄色

灰白色　　　　木色

▌附录色标

附录为立邦和多乐士的墙面漆色卡，并按照不同的色彩印象进行了分类。另外，附录中还提供了不同房间的配色速查。

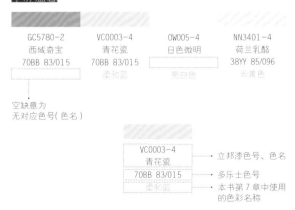

宁静温馨

GC5780-2
西域奇宝
70BB 83/015

VC0003-4
青花瓷
70BB 83/015

OW005-4
日色微明

柔和蓝　　　　亮白色

NN3401-4
荷兰乳酪
38YY 85/096

大黄色

空缺意为
无对应色号（色名）

VC0003-4
青花瓷

●‥‥ 立邦漆色号、色名

70BB 83/015

●‥‥ 多乐士色号

柔和蓝

●‥‥ 本书第 7 章中使用
的色彩名称

目 录　CONTENTS

PART

THREE

装修前必读！色彩与居室环境的关系

PART

#

点亮家的必备配色思路

PART EIGHT

搭出家的一万种可能

附 录

10个常见家居配色问题
你都解决了吗

居室的色彩搭配
通常从哪里开始？

PART ONE

▍弥补房间缺陷

　　我们对居室空间进行色彩搭配的初衷都是为了改善或优化居住环境，因为房间的构造和面积往往是后期很难改变的条件。比如面积狭小的房间，为了使空间更加宽敞，在配色上可以采用色调明亮、柔和的色彩，并且后期配色就可以以此为基调进行色彩搭配上的延伸。如右图所示，房间色彩都采用浅色、弱色，氛围朴素、清冷，给人开阔、宽敞的感觉。

明淡色调给人宽敞、开阔的空间感受

▍房间不可变更的色彩

　　有时，房间中有些色彩是无法变更的，例如已经铺好的地板，已经刷好的墙面颜色或者已经购置的沙发等。这时为了使房间整体效果和谐，我们必须优先考虑这些色彩，也就是说，新添置的家具或装饰的色彩，就要以这些色彩为基础去进行搭配。当然，在一两种色彩不可变更时，我们仍可通过与其他色彩的合理搭配来达到自己想要的居室效果。如右图所示，在地板和茶几色彩已经确定的情况下，通过对添置的沙发和粉刷的墙面色彩的调整，可营造出完全不同的色彩印象。

质朴、温暖的色彩印象　　　睿智、男性特性的色彩印象

▍个人喜欢的风格

　　第三种途径是最理想的，就是根据个人喜好和审美，找到自己心仪的色彩印象，将其运用到居室配色上。当我们步入这样的空间时，心理上会有强烈的共鸣，因为这样的色彩搭配含有自身的情感和经历，会使我们有归属感和愉悦感。如右图所示，多数女性居住者能对暖粉色产生愉悦感和共鸣。

具有女性特性的色彩印象

颜色越多越"酷炫"？

色彩过多，意向不明确 虽然房间色调统一，但采用的色彩过多，整体色彩上没有明显倾向，容易使人感到烦躁。

可爱、田园风的色彩印象 房间配色采用对比型，粉红色和绿色搭配，给人可爱的印象；色调微浊，搭配棕色系，充满了田园风情。

简约、现代、时尚的色彩印象

▍"酷炫"与色彩数量无关

很多人认为色彩越丰富，空间效果越张扬、炫酷，于是在沙发、墙面等较大面积的色块上无倾向地加入多种色彩，这样搭配出的配色往往色彩印象模糊不清，不仅没有使人感到愉悦，反而会带来消极的情绪。

其实"酷炫"的色彩效果可以理解为夺目、绚丽、有格调，在配色上采用对比型就可以达到这样的效果。如左图所示，黄色的灯具、抱枕和装饰画在黑白灰的无彩色衬托下显得绚丽、夺目，充满时尚感。

如何打造令人心动的配色？

与印象一致的配色使人产生好感

一个优秀的居室色彩搭配所表达出的印象往往都会契合居住者的喜好。热烈、欢快的印象需要鲜艳的暖色组合来表现；安静、沉稳的印象，需要柔和的冷色来表现。另外，时尚的与传统的、田园的与都市的，这些完全不同的印象，需要不同的色彩搭配来表达。

当居室的配色与脑海中想象的印象不一致时，居住者会感到迷茫或矛盾。就算我们的配色比例把握得再好，都无法让人产生好感。这样的居室配色是无法打动人心的。

热情、温暖的色彩印象 红、橙、棕的暖色系配色，点缀明艳的黄色，空间充满热情与活力。

装饰风格与色彩不搭 中式古典的风格却搭配了纯度很高的绿色，这种矛盾的居室氛围让人产生焦虑感。

局部也要注意色彩印象的统一

当我们根据色彩印象进行居室搭配时，还要注意"以小见大"——居室的局部位置也要符合该色彩印象。比如，北欧风格的客厅的色彩印象是清爽、简约的，却选用了厚重、庄严的深棕色欧式茶几。整个客厅呈现出的效果既没有北欧风的简洁、清爽，也没有欧式的典雅、高贵。所以局部的色彩印象要与整体相统一。

沙发椅采用明丽的黄色与厚重的藏青色搭配，传达出休闲、愉悦的感受。

床上用品使用明亮的浊色调，传达出卧室自然、细腻、舒适的感受。

能产生共鸣的配色
带给人舒适感

　　一个优秀的家居配色方案需要考虑空间尺度、日照反射以及朝向等情况，还要结合居住者的个性特征、审美趣味。

　　当居住者走进一个精心配色的居室空间时，他会感到舒适、愉悦、具有安全感，因为这样的配色可以让人明确感受到空间的色彩印象，引起居住者内心的共鸣。灰紫色和蓝色搭配会有严谨、理性的感觉，橘红色和黄色搭配会有纯真、可爱的感觉。但如果办公室用橘红色和黄色配色，或者儿童房用灰紫色和蓝色配色，会给人格格不入的感觉，也会降低空间的舒适感、愉悦感。

　　通过不同色彩的适当调配，可以产生丰富多样的色彩印象。我们将色彩属性以直观感受进行分类，就能轻松表达出我们想要的情感和印象。

欢乐、缤纷的儿童房 全相型的色彩搭配适合儿童房自由、喧闹、欢快的氛围。

严肃、沉寂的儿童房 将蓝色、灰紫色作为儿童房配色，会给人压抑、封闭的感觉，容易使人情绪低落。

色彩的温度

蓝色属于冷色系，红色、橙色、黄色等属于暖色系，紫色和绿色属于中性色。

明亮的冷色给人清新、纯净、宁静的感觉。

暗浊的冷色给人可靠、严谨、冷静的感觉。

明亮的暖色给人热情、活力、阳光的感觉。

暗浊的暖色给人充实、传统、古典的感觉。

色彩与年龄群体

明淡色调象征婴儿，暗浊色调象征老人。颜色越深，成熟、稳重感越强。

明淡色调可表现婴儿的纯洁、柔软。

明强色调可表现儿童、少年的天真、活泼。

钝强色调可表现青年、中年的理性、成熟。

暗涩色调可表现老人的传统、庄重、安详。

同为淡色调，橙粉色给人优雅、温柔的印象，橙黄色则给人愉悦、放松的感受。

配色是否应考虑空间特点？

▌结合空间使用者的情况来考虑

在居室配色中，不同的使用者有着不同的配色需求，因此在很大程度上决定了配色的思考方向。使用者的年龄、性别、职业等都是造成不同配色需求的重要因素。我们在对居室进行配色时应该更多地去契合使用者的喜好，比如年轻人偏向于鲜艳、活跃，中老年人适合低调、平和，婴幼儿则适合粉嫩、可爱。

▌根据不同空间的用途来选择配色

居室内的空间布局都是根据生活和家人的因素进行装修的，每个空间都有各自的用途和功能，而其用途往往决定了我们所要营造的效果。客厅应当显得明亮、放松、舒适；厨房适于用浅亮的颜色，但要慎用暖色，因为当我们在使用厨房时暖色会带来闷热的感觉，若长期如此会对厨房有厌倦感。走廊和门厅只是起通道的作用，因此可大胆用色。而卧室用于休息、睡觉，应注意安静与闲适。所以在色彩选择上，我们应根据空间的不同用途，做出合适的配色方案。

天真可爱的儿童房间 高纯度、高明度的色彩很适合表现儿童充沛的活力。

成熟稳重的成人房间 低纯度的浊色调给人稳重、洗练的感觉，适用于成人。

▌色彩可以调整空间比例

大部分居室空间都比较适中，但也有显得狭小或空旷的；有的层高太高，有的层高则太低。当我们不能从根本上去解决这些空间问题时，运用配色来适当调整也是一个不错的选择。比如，如果空间空旷，可采用前进色处理墙面；如果空间狭窄，可采用后退色处理墙面。

明度适中的浊色调和无彩色系营造简洁干净的卫浴间。

高纯度橙色系呈现餐厅的热烈、舒适，可增进食欲。

高纯度的黄色具有膨胀作用，使空间变得紧凑。

高纯度蓝色的墙面，给人后退感，空间变得宽敞。

在装修之前有必要先确定家具的颜色吗?

PART ONE

▌确定家具后从整体考虑装饰配色

现在许多人在对居室进行装修时大多都是先研究居室户型，再制定具体的装修方案，最后才去选择家具。其实这样会存在很多问题，如果我们预先没有确定好家具的颜色及样式，而是孤立地对墙面、地面等风格、色彩进行考虑，很有可能后期会很难找到与之匹配的家具。

事实上，在对家具的颜色选择上，自由度相对是比较小的，而对墙面、地面等颜色的选择则有很多可能性。因此，我们可以先确定家具，再根据配色规律来确定墙面、地面的颜色，以及一些装饰陈设的选择。

然而先确定家具，并不代表一定就要先把家具买回去。我们可以先在商场或者网上了解清楚自己喜欢的家具，然后将它们进行一个大致的分类，整理出各自的色彩特点，再根据这些制定出大体的配色规划。

家具与硬装风格匹配 根据确定好的家具色彩再去选择合适的硬装色彩，整体空间色彩匹配统一，风格一致。

从家具的选择到色彩的搭配整体都呈现了欧式的古典风格。

家具与硬装风格各异 事先没有确定好家具色彩导致与硬装色彩不搭，色彩风格各异，给人混乱的感觉，整体不和谐。

纯白色墙面＝百搭的效果？

PART ONE

纯白色墙面强烈的刺激性 床上用品、绿植和床头柜纯度都比较高，给人醒目、鲜明的感觉，纯白色墙面的出现使得空间效果更加强烈，具有刺激性。

与周围色彩倾向融合的白色墙面 将纯白色的墙面换成灰白色，与居室空间色彩倾向一致，都偏冷色系，整体效果变得柔和协调，没有那么强烈的刺激感。

▎白色也可以有冷暖差异

可能很多人都认为纯白色是一个安全保险又百搭的颜色，可以与任何其他色彩相搭配。但实际上我们应该要知道的是，纯白色不等于白色，纯白色从视觉感受来看，和其他鲜艳的颜色一样，都具有很强的刺激性。尤其当大面积使用时，会产生眩光的问题，容易引起视觉疲劳。

纯白色并没有想象的柔和。比较适合室内装潢的颜色，反而是略带暖色调的米白色和乳白色。当纯白色与其他白色搭配在一起时，更加应该引起注意，比如米白色如果与纯白色并置，看起来会黯淡无光。

因此选择出合适的白色尤为重要，我们可以根据白色的冷暖倾向来做出正确的判断。冷色系的色彩适合跟偏冷的白色一起搭配，而暖色系的色彩则适合与偏暖的白色一起搭配。纯白色更适合用来做一些边饰，以增加空间利落感。

黄色的抱枕、灯具，玫红色的衣服、床靠都偏向于暖色，墙面则选择了偏暖的白色，整体时尚、大气。

一个房间内的墙面最多可以涂刷几种颜色？

▍抑制住冲动控制色彩数量

经常我们都会有这样的想法：什么都想要试一试。于是在对居室配色时，我们可能就很难控制住自己，经常会有涂刷多种颜色的冲动。但是为了整体空间的美感和统一，应该尽量把色彩控制在一到两种。其实真的想要营造绚丽的居室氛围，并不一定要在墙面上多刷几种颜色，完全可以通过在家具、花卉、饰品陈设上多选择一些颜色，这样自然就能有多姿多彩的空间。

▍壁纸与墙面要一致

墙面作为居室配色中的背景色，是家居配色中最容易让人关注的地方，因此一个清晰的背景是很重要的。有时候我们除了刷墙漆之外还会张贴壁纸，为了保持两者的共通感，避免割裂感，壁纸图案及色彩应尽量与墙漆相近。

简洁单一的墙面颜色使整个空间融合协调，营造了舒适、大气的居室氛围。

多色墙面混乱无秩序 红色的沙发以及蓝色的画在整个空间中已占据较大面积，色彩已经很丰富，再加上墙面的多种色彩，导致空间效果混乱，没有主次。

减少色彩数量后统一协调 减少墙面颜色之后，整个居室主次立刻变得明确，同时依然保持了丰富绚丽的色彩效果。

色彩常用的表述方式及各自优缺点有哪些？

PART ONE

▌RGB 和 CMYK 两种不同的数字色彩模式

　　RGB 和 CMYK 是计算机图形常用的两种色彩模式，两者原理不同，所应用的范围也不一样。RGB 模式一般用于显示器显示、网页设计等，而 CMYK 模式一般在平面设计领域应用较多，主要应用于色彩印刷领域。

　　这种数字方式可以使我们准确地标识出某一个色彩，但是它的缺点就是过于机械，单纯地依靠数字不能传达出色彩的属性和情感，过于乏味。

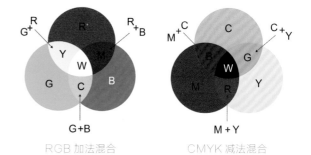

RGB 加法混合　　　　　　CMYK 减法混合

▌以孟塞尔体系为代表的色立体

　　色立体是指借助于三维空间形式来表现的系统的色彩体系，可同时体现色彩的明度、色相、纯度之间的关系，常以孟塞尔体系为代表，是国际上最普及的色彩分类及标定方法。这种表述方式可以标识出色彩的色相、明度、纯度，可以直接地传达出色彩的属性。但是它不能像数字方式那样直接精确地标识出一个色彩。

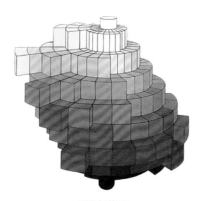

孟塞尔体系

▌色彩的色名

　　色名方式从字面意思理解就是色彩的名称，比如玫瑰粉、杏黄色、象牙色、橄榄绿等。这种方式往往可以很直观生动地反映出色彩的形象和它所承载的情感，有很强的暗示性和氛围感。但是这种方式不像前面两种方式那么利于管理，通常在口头上进行色彩沟通时，我们就可以选择色名方式。

赤铜色 #78331e	向日葵色 #ffc20e	新桥色 #50b7c1	淡蓝色 #d3d7d4
赤褐色 #53261f	郁金色 #fdb933	浅葱色 #00a6ac	蒲钝 #999d9c
金赤 #f15a22	砂色 #d3c6a6	白群 #78cdd1	银鼠 #a1a3a6
赤茶 #b4533c	芥子色 #c7a252	御纳户色 #008792	茶鼠 #9d9087
赤锖色 #84331f	淡黄色 #dec674	水色 #afdfe4	鼠色 #8a8c8e

如何确定并提炼出自己喜爱的色彩？

PART ONE

▌生活是最好的灵感大师

在想营造出一个理想完美的家居配色之前，首先应该确定好自己喜爱的色彩印象。而色彩印象的来源有很多：比如说一场美好的旅行，可以从旅行照片中提取；也可以是一部经典的电影，从里面的一个场景或者一套服装整理；还可以是一个自己喜爱的物品，一幅画或者一本杂志，这些都是能让我们确定自己所喜爱色彩印象的来源。

地毯

摆件

绘画

海报

▌如何从喜爱的作品中提炼印象色标

当确定了色彩印象的来源之后，就可以从中整理出印象色标。根据先大后小的面积归纳出5个左右的色彩色标，再根据配色原理，查看这些色标之间的色彩关系，比如它们的色相型、色调型等。接着确定它们之间的主次关系，比如哪些颜色是主色，哪些颜色是副色，哪些颜色是点缀色。经过这样仔细的分析，我们就可以清楚地制定出具体的配色方案。

将图片进行特殊（如晶格化）处理之后，更加容易区分出主要的色彩构成。

画面主要由红、蓝、橙三种色相组成，属于明、淡弱色调，可给人平和、纯净的感觉。

根据之前计划的色彩布局及面积分配将色彩运用到居室空间中，在实际配色中，可以重复运用某一个色彩或者强调某一色彩，使空间效果更和谐。

背景墙　抱枕　地面　单人沙发茶几

扩展得到的三个主色

珊瑚粉　天空蓝　米黄色　灰白色　深棕色

预估空间色彩布局的面积大小，作出合适的比例分配。

哪些辅助工具可以记录、规划色彩？

为居室进行配色是很复杂的一项工作，尤其在装修完之前，家具、陈设饰品、房屋这些对象几乎不会处在同一个场所之中。甚至家具和陈设的物品也会来自于不同的地方，当然也不可能把我们喜欢的都搬回去一件件地比较，所以，我们通常都会采取将各个物品进行虚拟的构思、分类，制定一个比较合理的方案，然后再将实际物体组合在一起。但是在这期间对这些物品整理分类，如果没有一定的方法和辅助工具，想要制定出满意的方案是很困难的。

▌收集材料样板以便随时比较记录

当辗转于各个商场或者网站，看到自己很喜欢的家具或者饰品时，我们可以将相关的一些材料进行采样或者收集。比如沙发布纹的布条、瓷砖的边角料、木材的样板。如果是墙漆颜料，可以涂在一块小的木板或者纸板上。将这些收集的材料样板随身携带，在遇到同类产品时我们就可以很方便地与之比较。

瓷砖样板

木材样板

▌准备一套国际通用色卡

如果要求更精确的色彩，那么可以准备一套国际通行的色卡，比如知名的 PANTONE（潘通）色卡。将材料的颜色对应到色卡上的具体色标，在选择不同物品时，我们就可以根据对应到色卡上的具体色标来分析它们之间的色彩关系，做出合理的取舍。

PANTONE 色卡

▌利用软件还原色彩

除了前面介绍的两种方法以外，还可以通过 Photoshop 或 Illustrator 这类图形图像软件来还原色彩。将与材料对应之后的色卡色标的数据输入到软件中，就可以在电脑上将这些色彩还原。但要注意的是，软件还原的色彩会因为电脑显示器的不同而存在一定的误差。通过软件来处理色彩，可以使配色更加专业。

Photoshop 中的拾色器

PART TWO

色彩的三要素

颜色具备色相、明度、纯度三个属性，被称为色彩的三要素。理解了这三个要素，就可以大致选择出所需要的颜色。
人们在观察色彩时，首先识别出的是色相，其次是明度和纯度。

PART TWO

色相——影响空间第一印象

色相是对色彩相貌的称谓，如蓝紫、靛青。色相是有彩色的首要特征，用于区别各种不同的色彩。色相由原色、间色和复色构成。色相环就是以三原色为基础，将所有色彩按红、橙、黄、绿、青、蓝、紫的顺序排列成环形，常见的有 12 色相环和 24 色相环。

原色 原色有红、黄、蓝三色，一般称作三原色。原色是不能通过其他色彩混合调配而得出的基本色。12色相环中三角形的三个角所指处即为三原色所在位置。

间色 间色有橙、紫、绿三色，一般称作三间色，也叫"第二次色"。间色是由相邻的两个原色等比例混合而成，如橙色由黄色和红色组成，绿色由黄色和蓝色组成。在色相环上，间色等距离分布于两个原色之间。

复色 复色也被称作次色或"第三次色"，复色由任意两个间色或三个原色调配而成，调配的比例没有限制，所以复色的色彩最丰富。复色包括了原色和间色以外的所有色彩。

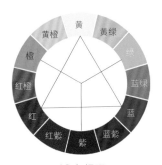

12 色相环

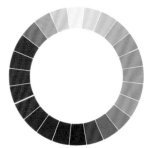

24 色相环

三原色

三间色

▌常见色相的基本印象

 黄色
兴奋、柔和、活泼、明丽

 橙色
温暖、愉快、开放、有活力

 红色
热情、喜庆、浪漫、热烈

 紫色
华丽、高贵、优雅、神秘

 蓝色
镇静、忧郁、清爽、整洁

 绿色
自然、宁静、有生机、有希望

暖色调为主的配色　原木色的桌子、柜子和地板搭配白墙，烘托出安适、质朴的空间氛围，再加入橙色和黄色，给人温暖、充满活力的感受。

冷色调为主的配色　墙面色彩由藏青色和白色组成，确定了冷色主调；地毯和床都是灰白色搭配，房间整体配色充满了男性特性和干练、冷峻的氛围。

色相的冷暖感受

　　所谓色彩的感受是指来自于色彩的物理光刺激对人的心理产生的直接影响。其中冷色、暖色是依据人们的心理错觉，对色彩进行物理上的划分。例如，当我们看到蓝色、蓝紫色时，会有寒冷的感受；看到红色、橙色时，会有温暖的感受。但这些感受并非来自物理上的真实温度，而是凭借人们自身的视觉经验和心理联想产生的。

　　暖色包括红、橙、黄等，冷色包括蓝绿、蓝、蓝紫等。而绿色和紫色则属于无冷暖倾向的中性色。

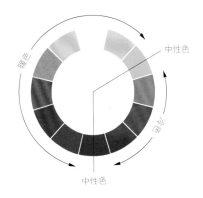

　　除此之外，冷色和暖色还可以带给人们一些其他感受，如重量感和密度感等。暖色偏重，冷色比较轻盈；暖色干燥，冷色湿润；暖色给人密集、膨胀的感受，而冷色则比较稀薄；暖色的透明感不如冷色效果好。以上这些感受都偏向于物理感受，但却并非是色彩真实的物理特性，而是由人们联想产生的主观感受。学会灵活运用冷暖色彩的心理特性，将给我们的居室空间增光加彩。

明度——提升空间层次感

色彩明度是指色彩的亮度。颜色有深浅、明暗的变化。比如，深黄、中黄、淡黄、柠檬黄等黄颜色在明度上就不一样，紫红、深红、玫瑰红、大红、朱红、橘红等红颜色在亮度上也不尽相同。这些颜色在明暗、深浅上的不同变化，也就是色彩的又一重要特征——明度变化。

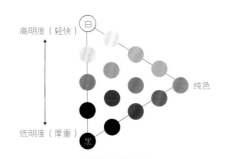

①明度剖面图

各种有色物体由于反射光量的不同而产生不同的明暗强弱。色彩的明度有以下两种情况，一是同一色相不同明度。如同一颜色在强光照射下显得明亮，弱光照射下显得较灰暗模糊；同一颜色加黑或加白掺和以后也能产生各种不同的明暗层次。二是各种颜色的不同明度。每一种纯色都有与其相应的明度。黄色明度最高，蓝紫色明度最低，红、绿色为中间明度。

不同的色彩具有不同的明度，任何色彩都存在明暗变化。在有彩色中，明度最高的是黄色，明度最低的是紫色，红、橙、蓝、绿的明度相近，为中间明度。

如图③所示，在无彩色中，明度最高的是白色，明度最低的是黑色，中间存在一个从亮到暗的灰色系列。如图②所示，要使色彩明度提高可加白，使色彩明度降低可加黑，也可与其他深色、浅色相混合，如黄色和紫色。

②改变明度

▌明度的效果差异

如图①所示，明度高的色彩，有轻快之感；明度低的色彩，有厚重之感。在一个色彩组合中，若色彩间的明度差异大，会显得富有活力；若明度差异小，则能达到稳健、优雅的效果。

1	2	3	4	5	6	7	8	9
	高明度			中明度			低明度	

白 ⟶ 黑

③明度条

明度的效果　以明色为主体，则明朗欢快；以暗色为主体，则厚重沉着。

身力对比色的蓝色带来清爽感

温暖平稳的明亮颜色

高明度给人明亮清爽的感觉

虽然鲜艳，但暗色带来厚重感

深红色代表力量与活力

低明度给人以厚重沉着感

高明度

低明度

不同明度的印象 明度低的物品，给人厚重、沉稳的感觉，有格调感；明度高的物品，则显得轻快、高雅，给人平和、舒适的感觉。

明度差异大的配色 背景与物体明度差异大的色彩组合，物体形象的清晰度高，有强烈的力量感，很容易被突显出来，但却失去了高雅感。

明度差异小的配色 背景与家具明度差异小，清晰感减弱，构成和谐、平和的氛围，表现出高雅、优质、平稳的感觉。

明度差的大小

　　缩小明度差显示高雅，增大明度差显示活力。

明度差小，平稳　　　　　处于中间位置的明度差　　　　　扩大明度差，显示力量

明度差小，显得高雅　　　　　中等明度差显得稳健　　　　　明度差大，显得明快

纯度——提高居室格调

　　纯度是指色彩的饱和程度、色彩的鲜艳程度，也称彩度。色彩的纯度强弱，是指色相感觉明确或含糊、鲜艳或混浊的程度。从科学的角度看，一种颜色的鲜艳度取决于这一色相反射光的单一程度。如图①所示，一般通过一个水平的直线纯度色阶表来确定一种色相的纯度量的变化。饱和度越高色彩就越纯越艳，相反色彩纯度就越低，颜色也越浊，其中红、橙、黄、绿、蓝、紫等基本色相的纯度最高，无彩色的黑、白、灰的纯度几乎为零。

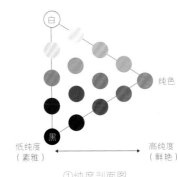

①纯度剖面图

　　如图②所示，高纯度色相混入白色，纯度降低，明度提高；混入黑色，纯度和明度同时降低；混入明度相同的中性灰时，纯度降低，明度没有改变。纯度最高的为红色，黄色的纯度也比较高，绿色的纯度为红色的一半左右。

　　如图③所示，当一种色彩加入黑、白、灰及其他色彩后，纯度自然会降低。随着纯度的降低，色彩就会变得暗淡。纯度降到最低就会变为无彩色，也就是黑、白和灰。

　　相同色相不同明度的色彩，纯度也不同。一个颜色的纯度越高并不等于明度就高，色相的纯度与明度并不成正比。纯度体现了色彩内向的品格。同一色相即使纯度发生了细微变化，也会立即带来色彩性格的变化。

②改变纯度

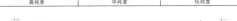

蓝　　　　　　　　　　　　　　　　　　灰

③纯度条

▌纯度的效果差异

　　纯度高的色彩，有鲜艳之感；纯度低的色彩，有素雅之感。在色彩组合中，如果纯度差异大，可以达到艳丽、活泼的效果；如果纯度差异小，则容易出现灰、粉、脏等感觉。

纯度的效果　　高纯度鲜艳、活泼，低纯度素雅、朴素。

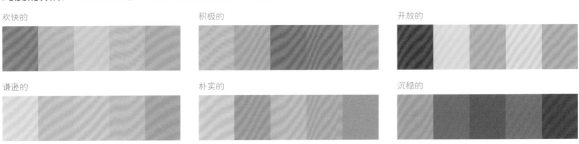

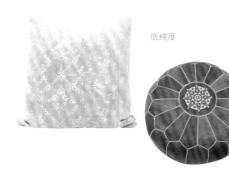

低纯度

高纯度

不同纯度的印象 纯度越高，越容易给人积极、醒目的感觉；而纯度越低，越容易显得沉着、高雅。

高纯度的配色 纯度高的色彩充满活力和激情，可增加艳丽、丰富的感觉，并与低纯度的背景形成对比，使整个空间显得更有青春气息。

低纯度的配色 纯度低的色彩具有低调、素雅的感觉，家具和背景整体也很和谐，营造了一个稳定、平实的空间氛围。

改变纯度差的效果

缩小纯度差则平稳和谐，增大纯度差则产生变化，富有张力。

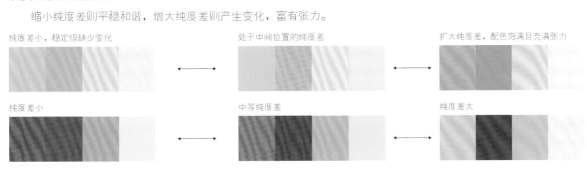

纯度差小，稳定但缺少变化　　　　处于中间位置的纯度差　　　　扩大纯度差，配色饱满且充满张力

纯度差小　　　　　　　　　　　　中等纯度差　　　　　　　　　　纯度差大

扮演不同角色的家居色彩

家居中的色彩既包括墙面、天花板、地面、门窗的色彩，也包括家具、窗帘及各种装饰物的色彩。而这些色彩就像小说、电影中的情节一样，它们有着各自的身份角色。常见的色彩角色分为四种，即主角色、配角色、背景色、点缀色，理解好这四种色彩角色，可以更好地帮助我们搭配出更完美的空间色彩。

创造视觉焦点的主角色

在室内空间中主角色并不是占最大面积的色彩，而是指室内空间中主体物的色彩，主要是由大型家具或一些大型室内陈设、装饰织物所形成的中等面积的色块。搭配其他颜色时通常以主角色为基础。

主角色的选择通常有两种情况：要产生鲜明、生动的效果，则选择与背景色或者配角色成对比的色彩；要整体协调、稳重，则应选择与背景色、配角色相近的同相色或类似色。

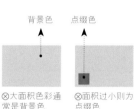

背景色　点缀色

⊗大面积色彩通常是背景色　⊗面积过小则为点缀色

→主角色

◎主角色通常为中等面积色块

主角色与背景色对比　床头柜和床的深蓝色是主角色，与背景色米黄色形成鲜明对比，使整个空间呈现出有序的节奏感。

主角色与背景色融合　沙发的灰白色是主角色，与背景色相相近，整个布局显得协调、平稳。

增加面积，烘托中心　在主角所在位置增加主角色的面积，以烘托中心。

主角色为红色

加大主角色的面积

主角色占主导位置

制造亮点　如果主角过暗，就需要制造一个亮点来抑制背景色，这样才能达到预期的效果。

主角过暗，不稳定

增加一个亮点，但亮点面积过大

减小亮点色彩面积，成为主角的点缀

起衬托作用的配角色

一套家具或者一组较大的室内陈设，通常是不止一种颜色的。这是因为除了具有视觉中心作用的主角色之外，还有一类为陪衬主角色或与主角色相呼应而产生的对比色，这类对比色常被称为配角色。应用配角色的对象通常是体积较小的家具，如沙发旁的茶几、短沙发，卧室的床头柜、床榻等。它们通常被安排在主角的旁边或相关位置上，视觉重要性和体积仅次于主角，常用于陪衬主角，使主角更加突出。

配角色的存在，通常可以让空间产生动感，充满活力。配角色通常与主角色色相相反，保持一定的色彩差异，既能突显主角色，又能丰富空间的视觉效果。配角色若与主角色临近，则主角色会显得松弛。

配角色与主角色搭配在一起，构成空间的"基本色"。

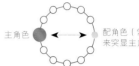

主角色 ← → 配角色（常用对比来突显主角色）

主角色与配角色类似 沙发的深黄绿色为主角色，与配角茶几的棕黄色色相相邻，色相差小，对比较弱，主角色显得有些松弛。

主角色与配角色对比 配角色与主角色形成对比，加大了色相差，主角被更鲜明地突显了出来，空间效果变得非常紧凑，视觉感受上更加生动。

对比色突出主角
按照色相环，找到与主角色相对的对比色进行搭配，可以使主角色更加鲜明突出。

绿色作为主角色搭配邻近色蓝色　　　　提高两者的色相差　　　　红色作为对比色使绿色更加突出

抑制配角色的面积
配角色的面积过大，则会弱化关键的主角色，适当的小面积才会达到预期的效果。

配角色面积过大，压过主角色　　　　缩小配角色面积，突出主角色效果较好　　　　直接增大主角色面积的效果最佳

决定整体感觉的背景色

　　背景色也被称为"支配色",是室内空间中占据最大面积的色彩,是决定空间整体配色印象的重要角色,如墙面、地板、天花板、门窗以及地毯等大面积的界面色彩等。因为面积最大,所以引领了整个空间的基本格调和色彩印象。

　　同一空间中的同一组家具,如果背景色不同,带给人的感觉也截然不同。例如同样白色的家具,搭配蓝色的背景则显得清爽,搭配红色背景则显得热烈。背景色由于其绝对的面积优势,实际上支配着整个空间的效果。因而以墙面色为代表的背景色,往往是家居配色最引人注目的地方。

　　在所有的空间背景色中,以墙面的颜色对效果的影响最大,因此,改变墙面色彩是最直接的色彩改变方式。大多数情况下,家居空间中背景色多为柔和的淡雅色调,形成易于协调的背景,给人舒适感。如果想要追求活跃、热烈的感觉,则可以选择鲜艳、华丽、浓郁的背景色。

弱色背景突显柔和　明亮的淡蓝色作为背景色,营造了一种柔和、安定的氛围,整个空间给人平和、安适的感觉。

强色背景呈现热烈　将淡蓝色换成天蓝色,纯度变高,整个空间的氛围顿时显得浓烈,给人活跃、热烈的感觉。

小面积也可以有支配作用　背景色即使面积不大,只要包围主体,就能成为成功的支配色,左右整体空间效果。

大面积当然支配全体　　　　　　　　　　　　　　　　　　　　即使是小面积,也能支配全体

➤ 背景色
➤ 主体

支配作用的有无与色彩强弱无关　背景色的支配作用与色彩强弱关系不大。只是灰暗颜色使整体感觉变暗,强烈颜色增强整体效果。

强色自然支配全体　　　　　　　　　　　　　　　　　　　　弱色同样支配全体

能够画龙点睛的点缀色

点缀色是指室内空间中体积小、易于变化、可移动的物体颜色，如灯具、织物、植物花卉、装饰品和其他软装饰的颜色。

点缀色通常是一个空间中的点睛之笔，用来打破单调的配色效果，因此点缀色与背景色的色彩要是过于接近，就不会产生理想效果。点缀色通常选择与所依靠的主体具有对比效果且较为鲜艳的色彩，来营造出生动的空间氛围。在少数情况下，为了特别营造低调柔和的整体氛围，追求稳定感，点缀色也可以选用与背景色接近的色彩。

对于点缀色而言，它的背景色就是它所依靠的主体，因此在不同的空间位置上，主角色、配角色、背景色都可能是它的背景。

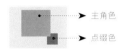

⊗大面积鲜艳的色彩不突显主体　　⊗小面积的不显眼的颜色　　◎小面积的鲜艳色彩使主体突出

点缀色过于黯淡 出现在居室中桌子、抱枕、茶几腿上的点缀色，纯度过低，和整体色彩缺乏对比，配色效果显得单调、乏味。

点缀色变得鲜艳 将这些点缀色的纯度一一提高，虽然色彩面积不大，但有很强的表现力，整体配色效果变得生动。

面积越小，效果越好　色彩越强，面积应越小；冲突感越强，配色的张力越大。

纯红色面积过大，起不到点缀突出的效果　　　　　　　　　　　　缩小面积，使主体突出

对比色、高纯度效果好　同系色、淡色调效果微弱。

同系色，因此强调效果微弱　　　淡淡的对比色　　　鲜艳的对比色才能起到强调效果

"主、副、点"与四角色

从"四角色"的角度来分析空间的配色，是以每一个物体在空间配色中的角色主次关系来区分的。主角色通常是占据主体地位的家具或者大型陈设，配角色通常是占据次要位置、体积较小的家具，背景色通常是空间中占据最大面积的界面色彩，而点缀色则是空间中的一个点睛之笔。

右图中，占据空间视觉焦点的是沙发，因此主角色是深灰绿；配角色是茶几的褐色和壁炉的灰白色；背景色则包括浅褐色的地板、浅黄色的墙面以及灰绿色的地毯；花卉的白色、绿色，台灯的米黄色以及陈设品的棕色则是点缀色。

角度一　"四角色"是以空间配色的角色关系来区分的。

点缀色(色组)			背景色(色组)			配角色(色组)		主角色
绿植	台灯	饰品	地板	背景墙	地毯	茶几	其他家具	沙发

角度二　"主、副、点"则是从空间配色的面积关系来区分的。

从空间内色彩的面积大小来分析配色，可分为"主色、副色、点缀色"三类。面积最大、色彩影响力最强的称为主色，通常是某一个色系；占据中等面积，影响力稍弱的称为副色，通常是色组。点缀色的定义则和"四角色"中的点缀色相同。

左图中，背景墙以及地板是空间内色彩面积最大的，因此主色为浅黄色和浅褐色；沙发和茶几占据次要面积，副色则为深灰绿和褐色；点缀色则和上面的分析一致。

主色(色系)		副色(色组)		点缀色(色组)		
背景墙	地板	茶几	沙发	绿植	台灯	饰品

▎〝四角色〞与〝主、副、点〞的区别在哪里？

〝四角色〞的分类是以色彩的〝空间身份〞来区分的，可分为主角色、配角色、背景色和点缀色。

在分析家居配色时，我们除了从〝四角色〞查看空间配色外，还可以从空间内色彩面积的角度来作另一种思考。空间中占据最大面积突显绝对优势的色彩，可称为〝主色〞，〝主色〞和〝主角色〞是有本质区别的。主色是面积最大的颜色，而主角色则是占据视觉中心位置的色彩，两者并不一定对等。

〝主、副、点〞是从色彩面积的角度来划分，将居室内的色彩分为〝主色〞〝副色〞〝点缀色〞。

结合前面的知识我们可以明确〝四角色〞是直接针对于各类物品，适合在实际配色活动中运用。而〝主、副、点〞是从面积上划分颜色，适合从整体上对〝色彩搭配的印象〞进行分析与掌控。

两种分类法各有所长，在不同情况下我们可以根据实际的需要选择合适的角度。但若是将两种分类综合起来，便能完整地掌握运用空间色彩的方法。

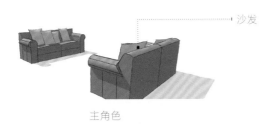

沙发

主角色

壁炉

茶几

配角色（组）

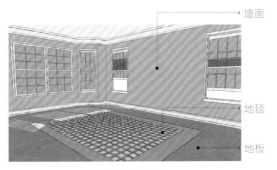

墙面

地毯

地板

背景色（组）

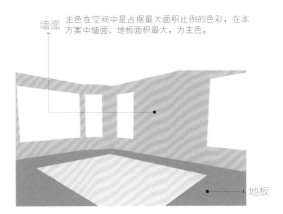

墙面

主色在空间中是占据最大面积比例的色彩，在本方案中墙面、地板面积最大，为主色。

地板

主色（色系）

沙发和茶几相对于上面的墙面、地毯和地板，在空间中的面积比例要更小一些，属于副色。

沙发

茶几

副色（组）

支配居室风格的色相型

在居室中只采用单一色相配色的情况很少，通常还会加入其他色相进行组合，才能更有力地传达情感和营造氛围。

PART TWO

柔和的同相型、类似型

在配色时完全选择统一色相的配色方式称为同相型，用相邻的色彩配色的方式称为类似型。

同相型限定在同一色相内配色，具有强烈的执着感和闭锁感，这种色彩搭配的方式朴素单纯，大多用于宁静、高雅的空间。

类似型与同相型相比色相幅度有所扩张，以色相环为基准，如果将全色相分为24等份，大概4份左右就是类似型的标准。在同样的冷色系或暖色系范围内，8份的差距也可以算为类似型。类似型配色可体现自然稳定的感觉。

同相型执着、稳定　抱枕、窗帘和背景墙都以粉色为主，整体体现出很强的执着感和人工感。

同相型、类似型配色

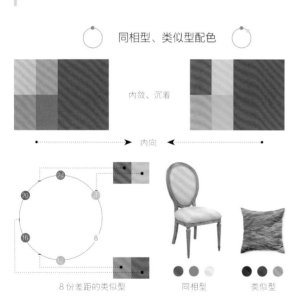

内敛、沉着

内向

8份差距的类似型　　同相型　　类似型

类似型自然、舒适　与同相型的极端内向相比，更加自然、舒展。

色相型对配色印象有重大影响

要体现内敛执着的感觉，使用相近的配色

更换颜色，增加色彩对比感

加入对比色，色彩立即变得开放起来

动感的对决型、准对决型

对决型是指在色相环上处于 180°相对位置上的色相组合，有很强的力量感，强调对立感。而接近 180°的组合就是准对决型，比对决型稍为稳定。这两种配色方式色相差大、对比度高，具有强烈的视觉冲击，可给人留下深刻的印象。

在居室空间配色中，使用对决型配色可以营造出健康、强力、华丽的氛围。在接近纯色调状态下的对决型，可以展现出充满刺激性的艳丽色彩印象。准对决型的对比效果较之对决型要缓和一些。准对决型能使紧张度降低，兼具对立感与平衡感。

在家居配色中，为追求鲜明、活跃的生动氛围，可采用对决型配色。但通常家居中采用准对决型配色，使整个居室空间色彩效果更为温和。

对决型有强烈对比感 橙色的灯和画与深蓝色的沙发以及淡蓝色的墙面形成的对决型配色，给人舒畅、有活力的感觉。

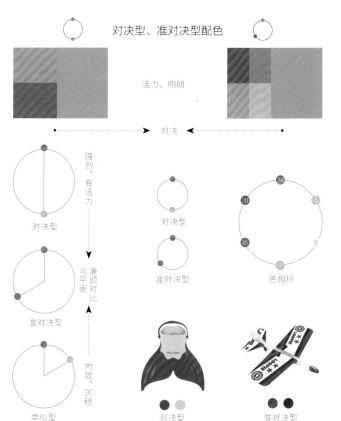

对决型、准对决型配色

活力、明朗

对决

强烈、有活力

对决型

对决型

准对决型

兼顾对比与平衡

色相环

准对决型

内敛、沉稳

类似型

对决型

准对决型

准对决型兼具对比、平衡 黄色的小沙发与淡蓝色的长沙发形成准对决型配色，使紧张度降低，紧凑与平衡感共存。

准对决型

对决型

均衡的三角型、四角型

　　三角型配色是指在色相环上处于三角形位置的颜色的配色方式，最具代表的就是三原色，即红、黄、蓝，这种组合具有强烈的视觉冲击力和动感。三角型配色视觉效果更为平衡，不会有偏移感。

　　三角型是处于对决型和全相型之间的配色类型，所以兼具了两者之长，引人注目的同时又具有温和、亲切的感觉。

　　将两组对决型或者准对决型交叉组合之后形成的配色型就是四角型，在醒目安定的同时又具有紧凑感。一组补色对比产生紧凑感，在此基础上附加一组，因此四角型是冲击力最强的配色型。

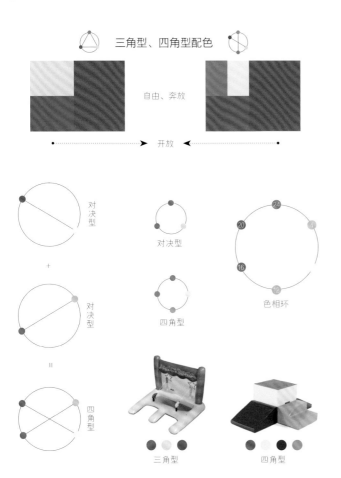

三角型、四角型配色

自由、奔放

开放

对决型

+

对决型

=

四角型

对决型

四角型

色相环

三角型

四角型

 兼具动感与平衡的三角型配色 红、黄、蓝是经典的三角型配色，整体具有动感的同时又有均衡的感觉，显得自由、开放。

 冲击力最强的四角型配色 红色与浅绿色、蓝色与橙色这两组对决型配色交叉组合，在充满力度的同时又具有安定感和紧凑感。

四角型

三角型

自由的全相型

全相型是指没有偏向性地使用全部色相进行搭配的方式，它是所有配色方式中最为开放、华丽的一种。使用的色彩越多就越自由、喜庆，越具有节日的气氛，通常使用的色彩数量有五种就会被认为是全相型。

因为全相型配色涵盖的色彩范围比较广泛，所以达成了一种类似自然界中五彩缤纷的视觉效果，充满活力和节日气氛，常出现在配饰上以及儿童房。

在进行全相型配色时，要注意尽量使色彩在色环上的位置没有偏斜，至少保留5种色相，如果偏斜太多，就会变成对决型或类似型。

对于全相型而言，它的开放感和活跃感并不会因为颜色的色调而消失，即使是浊色调的，或是与黑色组合在一起，也不会失去开放和热烈感。

 全相型自由无拘束 全相型的色彩自由排列，使用多种色相后产生自然开放的感觉，表现出喧闹、热烈的印象。

类似型宁静内敛 将全相型的色彩换成类似型之后，色相差异变小，体现出宁静、内敛的感觉，之前的热烈、喧闹感也随之消失。

全相型是最开放的色彩组合形式

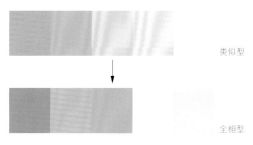

类似型

全相型

全相型配色

开放、华丽

开放

5色组合的全相型

6色组合的全相型

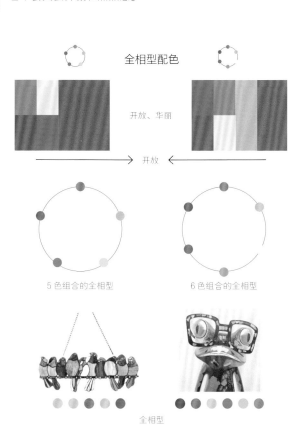

全相型

优化居室氛围的色调型

不同的颜色给人以不同的感觉，科学合理地对居室进行布置和装饰，可使居室色调达到和谐统一。认识了解居室中的色调能够营造出不同的空间气氛和生活情调，可以增强对生活的热爱，提高生活的审美品位。

PART TWO

色调的定义

色调是指色彩的浓淡、强弱程度，由明度和纯度数值交叉而成。色立体的纵剖面便是色彩的色调图。常见的色调有鲜艳的纯色调、接近白色的淡色调、接近黑色的暗色调等。

色调是影响配色效果的首要因素。色彩的印象和感觉很多情况下都是由色调决定的。

即使色相不统一，只要色调一致的话，画面也能展现出统一的配色效果。同样色调的颜色组织在一起，就能产生出共通的色彩印象。

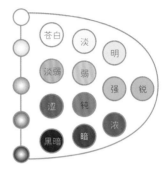

12色调细分图

多色调的组合

在一个空间中如果只采用一种色调的色彩，肯定让人有单调乏味的感觉。而且单一色调的配色方式也极大地限制了配色的丰富性。

通常空间主色是某一色调，副色则是另一色调，而点缀色则通常采用鲜艳强烈的纯色调或强色调，这样构成了非常自然、丰富的感觉。

根据各种情感印象来塑造不同的空间氛围，则需要多种色调的配合。每种色调有自己的特征和优点，将这些有魅力的色调准确地整合在一起，就能传达出你想要的配色印象。

多色调组合表现复杂、微妙的感觉

暗、明、明浊三种色调搭配 明浊色调和明色调的加入，弱化了暗色调厚重、沉闷的感觉。

 + + =

暗色　　　　　明色　　　　　明浊色　　　　集合三者优点
朴实但沉闷　　明快但肤浅　　柔和但软弱

两种色调搭配 在纯色健康、热烈的感觉中，加入了优雅的淡色调，抵消了纯色调刺激、低档的感觉。

 + =

纯色　　　　　淡色　　　　　集合两者优点
健康但刺激　　优雅但寡淡

暗、明、淡三种色调搭配 厚重执着的暗色调，加入了淡色调和明色调之后，不仅丰富了明度层次，而且抵消了压抑感。

 + + =

暗色　　　　　明色　　　　　淡色　　　　　集合三者优点
强力但压抑　　轻快但单调　　优雅但肤浅

选出你喜欢的色调

　　前面曾讲到，色调是影响配色视觉效果的决定因素，因此在配色时必须充分重视。不同的色调所传达出的情感也是有差别的，因此，针对不同的受众选择合适的色调显得尤其重要。

　　要对有彩色色调进行概括性分类时，大致可以分为纯色调、微浊色调、明色调、淡色调、明浊色调、暗浊色调、浓色调、暗色调这8类。但如果要更加细致地了解色调区域的微妙变化，则12色调分区更加系统、完善。12种色调分区的方法和名称都经常被使用，我们可以根据自己的需要选择合适的色调。

淡弱

内涵、高雅、稳重、雅致、女性化、舒畅、消极

弱

朦胧、雅致、温和、高雅、甘甜、和蔼、柔弱

强

活泼、热情、强力、动感、年轻、开朗、幽默

苍白

浪漫、透明、轻柔、简洁、干净、寂寥、冷淡

淡

高档、纤细、柔软、婴儿向、纯真、清淡、柔弱

锐

健康、鲜明、有活力、醒目、热情、艳丽、相俗

浓

充实、有用、高级、成熟、浓重、老气、威严

暗

朴实、坚实、成熟、安稳、传统、执着、古旧

黑暗

厚重、高级、有分量、可靠、古朴、庄严、阴暗

明

清爽、快乐、纯净、平和、舒适、清亮、肤浅

涩

优雅、高档、稳重、成熟、朴素、古朴、保守

钝

稳重、高档、田园风、成熟、庄严、浑浊、沉重

不同色彩房间的心理效应

色彩运用是室内设计中十分重要的组成部分，在设计空间时，熟悉了解每一种颜色的特性，以及对人生理和心理的影响，可以在一定程度上帮助我们改善空间效果，准确地支配颜色。

PART TWO

▍红色

红色是富有动感的颜色，它可以激发我们身体的活力。红色对情感的刺激比任何一种颜色都要强烈，可使人感到温暖和安全，容易引起兴奋、激动、紧张等情绪。红色有助于激发进取心、力量与勇气，在疲劳或忧郁时，贴近红色有利于消除消极情绪。

相反，红色还可以诱发愤怒、欲望和冲动，如果在神经敏感或急躁时周围大量使用了红色，这时的红色就是一种带有攻击性的色彩。在现代装饰中，由于使用红色显得过于强烈，所以红色常被用作点缀色。

▍蓝色

蓝色象征着真实，它洁净而清爽，能与许多颜色形成和谐的配色。蓝色可以消除由生活压力所导致的紧张情绪，促进平静而有条理的思考。

蓝色可以为空间渲染一种安静平和的气氛，适于营造正式、严肃的氛围。由于蓝色属于后退色，因此若在室内使用，会使空间显得更加宽敞，并烘托出安静闲适的氛围，蓝色没有温暖的感觉。同时，对于要求舒适感的室内装饰而言，蓝色是十分理想的颜色，明亮的蓝色可以给人凉爽清新之感。

▌黄色

　　黄色是所有色彩中纯度和明度最高的颜色，它具有轻盈、明亮、大胆、外向的性格，象征完整的灵魂，是代表阳光、快乐、年轻和喜悦的颜色。

　　黄色有很高的注目性，可以给人亲近感，可以在短时间内吸引人的兴趣。如果在具有创造性或者宣传销售产品的行业中使用，有利于引起人们的强烈关注。

　　在室内装饰中，如果使用黄色墙纸，则即使房间没有阳光照射，也可以展现出明亮舒适的氛围。

▌绿色

　　绿色是自然的颜色，是生命和抚慰的象征，为我们带来平静安定的感受。在现代，绿色逐渐成为环境与自然主义的代名词。绿色还能够使人以和谐的眼光观察事物，在绿色的影响下，人们不仅能均衡地看到问题的两面性，还能同时表达积极与消极的情感。

　　绿色可以渲染房间的氛围，让房间中的人变得安静平和。因此，如果在书房或者办公室等需要集中精力的场所使用绿色，会起到非常好的作用。

▌橙色

　　橙色是红色与黄色的混合色，它综合了两种颜色的特点，兼有活泼、华丽、外向和开放的性格。

　　橙色通常可以渲染浪漫的氛围，使人联想起明媚的阳光、热带的水果和异域的花卉，给人以舒适和放松之感。

　　如果在居住空间中应用橙色与明亮的蓝色、黄色与紫色的色彩组合，可营造出极其现代的氛围。这种空间能使人感到适当的动感，适用于年轻人共同生活的房间。但是，橙色的纯度会因为面积的增大而变得极高，因此，强烈鲜艳的橙色适于充当点缀色。

▌紫色

　　紫色是非知觉的颜色，神秘、给人印象深刻，有时给人以压迫感。紫色是精神与感情、灵性与肉体和谐的象征。紫色是神圣高贵的颜色，可以给人温暖的鼓励，可以使人产生高度的自信心。紫色代表了女性的温柔、品位与优雅。如果大面积使用紫色，也会引发忧郁的情绪，这是因为紫色的能量过于强烈，可以在周围适当点缀金色或橙色系。

　　紫色在色相环中位于冷色和暖色之间，由于构成紫色的蓝色和红色能量相当，因此紫色既是冷色，也是暖色。若蓝色的成分多，则显得凉爽；若红色的成分多，则显得温暖。

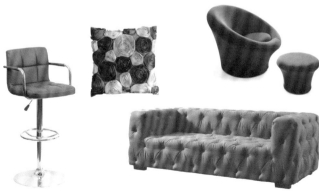

▌黑色

　　黑色在生活中具有千差万别的象征意义，在心理角度上，黑色象征着防御；在时尚界，黑色象征着冷静与洗练的风度；在汽车与现代室内装饰中，黑色象征着高雅与奢华。

　　除此之外，黑色的绝大多数意象都是消极否定的，这是因为黑色代表了黑暗与对未知世界的恐惧，可以使人联想到死亡与葬礼。

　　从单纯的装饰角度来看，由于黑色能够吸收所有的光，因此可以渲染黑暗的氛围。在现代室内装饰中，黑色给人干脆利落的感觉，体现品位、质感，搭配灰色、银色等其他颜色，可以同时突显柔和的感觉。

▌白色

　　白色象征崇高的奉献，给人以神圣、和平、希望和可信赖的感受，这是因为白色中不含有威胁与刺激的因素，同时它具有崭新、干净和容纳一切变化的特征。因此，白色非常适合医生、科技工作者、咨询师以及服务业等相关人物使用。在东方白色也具有一些消极的象征意义，在日常生活中，如果某人面无血色，脸色苍白，则会使人感到此人健康较差，或给人疲乏无力、没有热情的印象。

　　在现代装饰中，白色通常象征着简约、干净等意象，被广泛应用于室内设计中。

▌灰色

　　灰色是黑色和白色的混合色，它居于黑白、阴阳之间。灰色能够使人联想起脑中的灰质，因而带有智慧、智力等积极意义的象征。但灰色也能使人联想到灾害与事故的余波、灰尘与蜘蛛网等，因而也用来表示不整洁、事故或混乱、明确或不肯定等意象。

　　灰色通常给人凄凉阴暗的感觉，使人联想起灰浊的城市、灰色天空、工业化、不清晰等意象，常被看作是没有主张的颜色。同样作为无彩色，灰色深受人们喜爱，常被应用于服装设计、室内设计和包装设计等领域中。

▌金属色

　　金属色在适当的角度时反光敏锐，它们的亮度很高；如果角度一变，又会感到亮度很低。其中，金、银等属于贵重金属的颜色，容易给人以辉煌、高级、珍贵、华丽、活跃的印象。电木、塑料、有机玻璃、电化铝等是近代工业技术的产物，容易给人以时髦、讲究、现代的印象。但金属色也会有消极的一面，大面积使用会给人贪婪、俗气的感觉。

　　总之，金属色属于装饰功能与实用功能都特别强的色彩。

装修前必读！
色彩与居室环境的关系

利用色彩属性
使空间宽敞或紧凑

哪怕仅仅改变房间的窗帘或一面墙的色彩,都能影响空间的大小、高矮感受,如何利用色彩属性给房间格局带来变化呢?

▌色彩与空间比例

装修新房就像在一张白纸上作画,我们可以选择任意色彩和风格,不过"纸张"的大小、形状往往也会对我们的作品造成限制。同理,不同的居室也会存在一些"纸张"上的问题,例如户型、房间面积、层高等,合理利用色彩属性可有效改善这些问题。

色彩中,有的色彩可以使空间紧凑,有的可以增加空旷感,称为膨胀色和收缩色;有的色彩可以减小或增大墙距,称为前进色和后退色;有的色彩可以调整空间的重量感,称为重色和轻色。

开阔、宽敞的空间感 卧室整体色调明亮,纯度较高的冷色与米黄色的墙面给人清爽、温馨的效果。

紧凑、丰满的空间感 餐厅使用大面积暖色,色彩浓郁,给人温暖、紧凑的感觉。

▌膨胀色与收缩色

暖色相、高明度、高纯度的色彩都是膨胀色,冷色相、低明度、低纯度的色彩则是收缩色。比较宽敞的居室空间为了避免产生荒凉感,可以采用膨胀色,使空间看起来更丰满紧凑一些,而狭小的居室则可以采用收缩色,增加空间的宽敞感。

暖色相——膨胀

高明度——膨胀

高纯度——膨胀

冷色相——收缩

低明度——收缩

低纯度——收缩

房间宽敞时,使用膨胀色家具、陈设可使房间显得丰满不空旷。

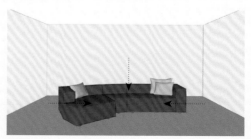

房间狭窄时,家具、陈设采用收缩色,增加空间宽敞感。

前进色和后退色

　　暖色相、低明度、高纯度的色彩为前进色，冷色相、高明度、低纯度的色彩则为后退色。空旷或狭长的居室可以用前进色喷涂墙面，缩小距离感，反之则用后退色。

暖色相——前进

低明度——前进

高纯度——前进

冷色相——后退

高明度——后退

低纯度——后退

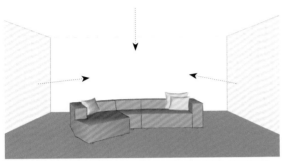

远处的墙面使用后退色，在视觉感受上增加了房间的进深，使空间宽敞、开阔。

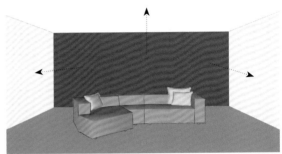

远处的墙面使用前进色，在视觉感受上减小了房间的进深，使空间紧凑。

重色和轻色

　　深色给人下沉感，浅色则给人上升感；同明度、纯度的条件下，冷色重，暖色轻；同一色相，低纯度较重，高纯度较轻。层高较矮的空间可以用轻色喷涂天花板，重色装点地板，在空间感上拉开天花板和地板的距离。

浅色——上升

冷色相——上升

高纯度——上升

深色——下沉

暖色相——下沉

低纯度——下沉

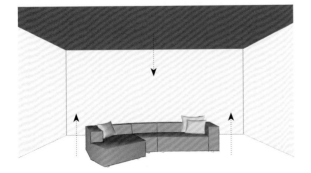

层高较高的房间，天花板喷涂重色增加下沉感，地板用轻色增加上升感，在视觉上压小层高。

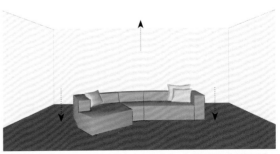

层高较矮的房间，天花板喷涂轻色增加上升感，地板用重色增加下沉感，在视觉上拉大层高。

巧用冷暖色调
使房间 "冬暖夏凉"

通过有温度感的冷暖色可以改善居室光照的先天不足（如光照、气候），创造更好的生活空间。

PART THREE

居室色彩与自然光照

房屋的户型、朝向总会存在一些不可避免免的缺陷。朝向会严重影响到房间的自然采光和室内温度。

朝北的房间因为常年晒不到太阳，室内温度偏低，采光不足，所以选择淡雅暖色或中性色比较好，这样可以增加房间的温暖感，同时还给人愉快、舒适的感受；

朝南的房间则冬暖夏凉，光照均匀，色彩选择面较广；东西朝向的房间一天内的光照差异较大，阳光直射的墙面可以选择吸光的色彩，比如褐色、深绿色等，而背光的墙面可选择反光色，如白色、米色等。

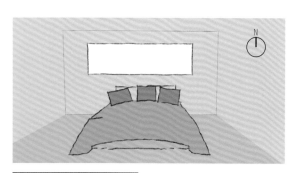

房间朝北，整体光线昏暗 北面房间室内温度低、自然采光不佳，适合明度较高的暖色系，使房间温暖明亮。

房间朝南，整体光照明媚 房间朝南，光照条件好，采用中性色或冷色系为宜，使房间整体采光效果舒适宜人。

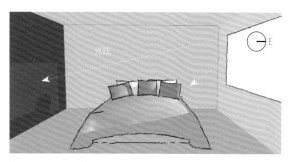

房间朝东，清晨明亮 朝东的房间，光线直射的墙体适宜选择明度较低的色彩，增加吸光率，减弱反射。

房间朝西，下午炎热 朝西的房间光照强且温度高，所以与下午光照相对的墙面适宜选择吸光率高的冷色配色。

暖色适宜于光照弱的房间　客厅采光较差，配色采用大面积明度较高的暖色，增加空间的明亮、开阔感，并且减弱阴冷的感觉。

冷色适宜于"西晒"的房间　客厅窗户朝向西面，下午炎热、光照强，整体配色采用冷色调，墙面采用蓝色可以减弱光照反射。

▎居室色彩与气候

　　一年四季的光照和温度变化较大，我们可以通过改变居室内的色彩搭配来与居住城市的气候相适应。比如北方城市气候严寒，寒冷的时间较长，室内可以使用暖色调来给人温暖、舒适的感觉；而炎热时间较长的南方地区，室内适宜采用冷色调，会给人清爽、凉快的感觉。

　　还有一些城市四季分明，冬季寒冷，夏季又炎热，但墙面色彩、家具色彩不能时常更换，那么我们可以将墙面、地板等大环境选定为中性色，然后通过经常更换的布艺软装的冷暖色调，来调整房间的冷暖感受。

暖色调布艺适用于寒冷气候　秋冬季节天气转凉，温度较低，通过将卧室中的床上用品以及其他软装替换为暖色调，同样可以营造出温暖的居室氛围。

冷色调布艺适用于炎热气候　春夏季节天气炎热，日照充足，床上用品可以替换为冷色系色彩，增加空间清爽、凉快的氛围。

色彩明度决定空间重心

色彩中明度差异最大的是白色与黑色，提到这两个色彩，我们最大的感受是白色轻盈、清透，而黑色沉重、稳定。同理，将色彩明度运用到居室环境中，也可以使空间产生不同的重量感。

PART THREE

▌明度决定重量感

色彩的重量感取决于色彩的明度，比如深绿色比浅绿色更有重量感，而白色比黑色感觉更轻盈。将其运用到居室中，具有重量感的色彩所处的位置，就决定了空间重心所在的位置。

将具有重量感的色彩刷在天花板或墙面，会使空间具有动感，而放在地面、地毯上，则会使空间稳定、平静，增加安全感。

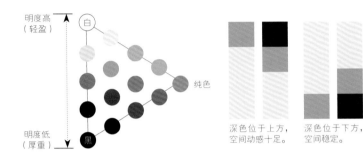

明度高（轻盈） 白

纯色

明度低（厚重） 黑

深色位于上方，空间动感十足。

深色位于下方，空间稳定。

低重心与高重心

低重心具有稳定感 卧室中地板和地毯色彩较深，床的色彩也是深蓝色，而顶面和墙面为灰白色，房间重心处于下方，给人稳定感。

高重心具有动感 地板和顶面色彩较浅，家具色彩也浅，房间整体较明亮，部分墙面选用深灰色，重心上移，使餐厅充满动感。

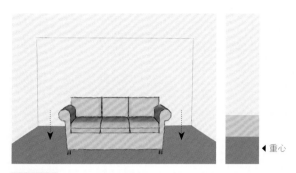

深色地面 地面的色彩明度最低，空间的重心位于下方，给人稳定、平和的感觉。

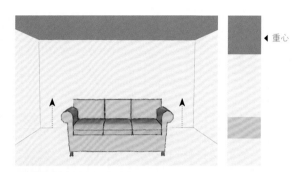

深色顶面 天花板色彩明度最低，整个空间重心处于顶部，重心高，层高有压低的感觉，动感强烈。

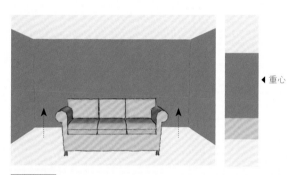

深色墙面 墙面色彩明度最低，重心处于中间偏上的位置，使整个空间充满动感。

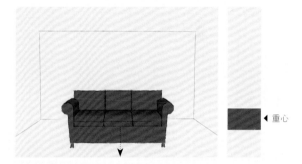

深色家具 墙面、顶面和地面都是浅色，但家具是深色的，重心向下，空间仍然稳定。

重心高低不同带来的效果差异

卧室中，墙面的色彩明度低于地板以及床上用品的色彩，使空间重心上移，突出动感，非常适合年轻人。

地板和床上用品的色彩明度低于墙面，整个空间重心下移，营造出稳定舒适的居室氛围，是多数人喜爱的色彩布置。

人工照明影响房间色彩氛围

在室内装修中，人工照明是不可或缺的一部分。它照亮了夜间环境、补充白昼的采光不足，以满足我们的工作、学习和生活，还可以丰富我们的居室空间的色彩氛围。

▌色温影响居室氛围

色温是表示光源光色的尺度，单位为 K（开尔文）。这种方法标定的色温与大众所认为的"暖"和"冷"正好相反。越是偏暖色的光，色温越低，可以营造温暖、柔和的氛围；越是偏冷色的光，色温越高，可以营造清爽、明亮的效果。

在居室照明上，一般以白炽灯和荧光灯两种光源为主。白炽灯的色温低，光照偏黄，适合营造温暖、稳重的居室氛围；荧光灯的色温较高，光照偏蓝，具有清爽、凉快的感觉。

随着行业的发展，LED 灯的光效逐步提高，其最明显的优点在于节能环保、色彩多样。在实际装修中，我们应根据空间功能的不同需求，选择适宜的照明光源。

对于客厅可以选择营造温馨家庭氛围的白炽灯，也可以选择节能灯来制造敞亮、开阔的空间氛围；而卧室作为我们个人的休息空间，温暖的白炽灯是非常好的选择；对于书房或厨房等需要进行细致操作的空间，我们应尽量选择明亮的荧光灯。

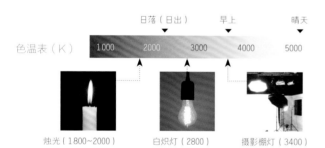

色温表（K）

日落（日出）　早上　晴天

1000　2000　3000　4000　5000

烛光（1800~2000）　白炽灯（2800）　摄影棚灯（3400）

多云的天空　　万里无云的晴空

6000　7000　8000　9000　10000

日光型荧光灯（6500）

荧光灯照明 客厅采用荧光灯照明，因为荧光灯的色温较高，光照偏冷，空间呈现清爽、凉快的氛围。

白炽灯照明 客厅采用白炽灯照明，白炽灯的色温较低，光照偏暖，整个空间充满温馨、舒适的氛围。

光源亮度与材料反射率结合

常用的装饰材料中，水泥的反射率为25%~30%，抛光石材为40%~60%，而不锈钢为150%~200%，由此不难看出，材料的反射率越高，反光越强。黑色布料的反光率为2%~3%，白色布料的反光率为50%~70%，所以在居室空间中，材料的色彩明度越高，对光线的反射就越强；色彩明度越低，则越吸收光线。因此，在相同照度的空间中，不同的配色方案呈现出的空间明暗度也不同。

当墙面或顶面的颜色较深时，要考虑使用照度较高的光源，否则室内效果会比较昏暗，影响日常生活。如果要使用射灯或壁灯，墙面宜选择中等明度的色彩，这样反射出的光比较柔和，而白墙则会很刺眼。

浅色墙面 相同照度下，由于白墙的反射率较大，对光的反射也更强，整个空间明亮开阔。

深色墙面 相同照度下使用深色墙面，颜色越深反射率越低，吸光能力就越强，整个空间较暗，墙面的反光更柔和。

照射面不同带来的效果差异

房间中被光照亮的面不同，房间的氛围也会有所改变。被光照射到的墙面，表面色彩的明度会大大增加，因此产生了后退的效果，使空间更加宽敞。常用到的灯具有顶灯、射灯、壁灯等，可根据自己对居室的光照需求，单独使用或结合使用灯光。

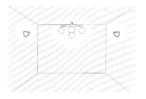

照亮整个房间 通过吊灯和壁灯照亮房间的每个面，呈现开阔、敞亮的效果。

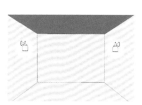

照亮墙面和地面 顶面的亮度较低，将视线压向下方，给人沉稳的感觉。

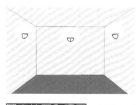

照亮墙面和顶面 墙面和顶面明度高，显得宽敞明快。

照亮地面 地面明亮，周围黑暗，显得静谧、专注。

照亮墙面 墙面明度提高，具有后退感，使空间更开阔。

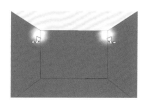

照亮顶面 顶面亮度较高，视觉上层高有变高的感觉。

室内材质丰富居室体验

色彩是依附于材质而存在的，不同的材质与不同的色彩搭配，可以呈现出丰富多样的视觉感受。在实际家居搭配时，要学会巧妙利用各种材质的特性，使我们的居室体验更加细腻、丰富。

PART THREE

▌自然材质与人造材质

我们都知道，每一种视觉可见的物体一定有相应的色彩附着在上面。随着科技的快速发展，材质越来越丰富，我们的居室环境也同样受到各种材质与其色彩的影响。

常用的室内材质可分为自然材质和人造材质，而在实际运用中，这两者往往是结合使用的。自然材质的色彩给人质朴、天然的感觉，并且具有不可复制的自然纹理；而人造材质的色彩范围广，造型多变，常常给人现代、前卫的印象。

自然材质与人造材质常结合使用 皮质沙发、实木桌椅等均为自然材质，树脂灯罩、墙面漆、混纺地毯等均为人造材质，两者结合使用则兼具了两者的优点。

藤编篮子（自然材质）　　镂空漆面合金椅（人造材质）

▌光滑度的差异影响色彩感受

除了暖质材料与冷质材料的差异外，材质表面的光滑度同样影响我们对物体色彩的感知。比如同色的木地板，表面相糙呈现亚光的色彩亮度较低，而刷了光亮漆的木地板表面光滑，反射度更高，所以视觉感受上，光亮的木地板色彩明度更高。

将同色材质表面进行不同光滑度的处理，再进行组合设计，能够形成不同明度的差异，并且能够使该产品外观更细腻，具有层次感。

光面的金属工艺品与表面相糙的金属盒子色彩相同，但光滑度的不同使它们呈现的色彩人不相同。

暖质材料和冷质材料

暖质材料如布艺、皮具等，给人柔软、温暖感；冷质材料如玻璃、金属等，常给人冰冷感、现代感和科技感；木材和藤等介于冷质材料和暖质材料之间，被称为中性材料。冷质材料外观选择暖色调，可以削弱冷制材料的冰冷感，同理，暖色的温暖感也会降低；暖质材料使用冷色调，材料的温暖感降低，冷色的冰冷感也会减弱。在实际的家居配色和软装搭配时，要巧妙运用冷、暖质材料的特性，营造丰富的居室效果。

玻璃杯（冷质材料）　　布艺靠枕（暖质材料）　　木质相框（中性材料）

冷暖材质结合，使空间层次更丰富 餐桌的玻璃桌面为冷制材料，两侧的皮质椅子为暖质材料，两者形成鲜明对比，增强了餐厅区的层次感，空间体验也更加丰富。

冷质材料适合厨房、卫生间 厨房的背景墙和橱柜都采用黑色的瓷砖贴面，搭配金属材质的抽油烟机，整个厨房给人洁净清爽、一尘不染的感觉。

暖质材料适合卧室 卧室中的地毯、床上用品均为暖质材料。在卧室中大面积使用暖质材料可以增加空间的舒适度和温暖感。

图案与面积影响空间感受

现在很多家居装修流行壁纸、墙绘等，要注意的是，不只是色彩会影响空间的大小感受，壁纸、墙绘的图案大小同样会对空间感造成影响，应根据自己的居室条件来选择适宜的图案大小。

PART THREE

通过图案调整空间感受

实际上，不仅色彩会对空间感造成影响，窗帘或壁纸的图案大小同样会对空间的开阔、紧凑感造成影响。大图案会给人压迫感，减弱了与室内陈设的大小对比，使居室空间变得紧凑或狭窄；小图案与陈设的大小对比强烈，视觉上有后退感，增强了空间纵深，使房间更开阔或空旷。横向条纹有横向拉伸感，使空间更开阔，竖向条纹具有纵向拉伸感，则在视觉上增加了层高。

大图案

大图案的壁纸或窗帘具有前进感，使空间显得紧凑或狭窄，适用于空间面积较大的居室。

小图案

小图案的壁纸或窗帘具有后退感，使空间变得开阔或空旷，适用于空间面积较小的居室。

横向条纹

横向条纹有水平拉伸感，使房间显得更加开阔，但层高也随之变矮。

竖向条纹

竖向条纹对空间有纵向拉伸感，有层高变高的感受，但空间也变得狭窄。

色彩面积对居室的影响

居室中的某种色彩随着其面积的增大，在配色中的比重也就增大，对空间的色彩效果也会增强。比如纯度较高的色彩面积越大，色彩效果就越鲜艳、明亮；明度较低的色彩面积越大，色彩效果就会越厚重、黯淡。

我们通过色卡来给房间的大色块选色时，要注意视觉上的差异，应根据上述规律做好预先的判断，尽量减少误差。

装修完工后的木地板整体效果比小块样板的色彩更深，而灰白色的墙面呈现出的效果比色卡更亮。

PART FOUR

点亮家的必备配色思路

COLOR MATCHING

4

5 个技巧
打造层次清晰的居室环境

有时候我们会发现，在空间配色中，明确的层次关系能够让人产生安心的感觉。恰当地突显主角，才能在视觉上形成焦点。那么怎样让房间富有层次感呢？下面的 5 个技巧教你打造层次清晰的居室环境。

PART FOUR

提高家居鲜艳度，使房间主次分明

纯色是色彩纯度最高的颜色。从右边的色调图中我们可以看出，越是靠右的色彩，其纯度越高。黑色、白色、灰色都属于没有纯度的色彩。

想要突显房间主体，可以单方面提高主体的色彩纯度。纯度提高，主体变得鲜艳醒目，也让空间结构更加安定。

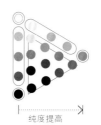

纯度提高

纯度低　　纯度高
模糊不醒目　明确醒目

主角、配角鲜艳程度混杂，整体混乱。

鲜艳程度相同，分不清楚哪个是主角。

提高主角纯度 →

配角

主角

提高主角的色彩纯度，就可以让主角一目了然。

背景　　　配角

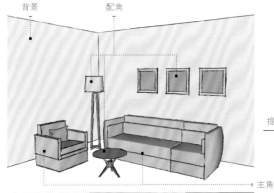

提高主角纯度 →

主角

主角鲜明

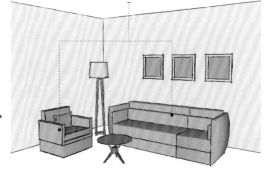

 NO 在背景的衬托下，主角和配角混杂在一起，无法区分出房间主体，缺乏层次感。

 YES 将主角的色彩纯度提高，鲜艳程度也提高了，主角立刻从浊色调的配角、背景中脱颖而出。

▍提高主体纯度，明确其主角地位

主角模糊不清，效果灰暗 房间整体为浊色调，主角的色彩也呈浊色。在色彩上无法明确感受到主角的地位，效果灰暗、平平无奇。

主角明确，效果通透、稳定 主角色彩纯度较高，与环境的浊色调形成对比，引导视线聚焦，房间效果给人明确、稳定的感觉。

▍通过其他色块衬托来明确主角地位

主角不明显，布置凌乱 沙发靠枕纯度低，整体色彩灰暗，导致空间缺少视线焦点，层次感不强。

主角保持强势，聚焦视线 客厅的中心是沙发和茶几区域，在周边色块比较丰富的情况下，沙发的鲜艳度也要保持强势，才能聚焦视线。

增强明暗对比，明确房间重点

明暗对比即因色彩的明度差别而形成的色彩对比。明暗对比在色彩构成中占有重要地位，相对纯度对比和色相对比，明度对比表现出的效果更加强烈、醒目。任何色彩都有对应的明度值，明度最高的为白色，明度最低的为黑色。在右侧色调图中，越往上明度越高，越往下明度越低，增大两个颜色之间的纵向距离，也就增强了明暗对比，使主角突出，房间层次明确。

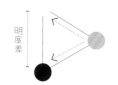

明度差大，
明确醒目

明度差小，
难以识别

主、配角明暗混杂，整体散乱，
主角不易辨识。

主、配角明度相近，缺乏层次感，
主角模糊不清。

提高主、配角明度差

提高明度差，主角一目了然。

配角

主角

纯色的明度并不相同

同为纯色，在色调图中也处于相同的位置，但明度并不相同。如黄色和紫色，两者同为纯色，但在视觉上，黄色明度明显高于紫色。

| 白 | 9 | 8 | 7 | 6 | 5 | 4 | 3 | 2 | 黑 |

黄色明度更接近于白色，而紫色明度更接近于黑色。

深色背景墙   主角难以辨识

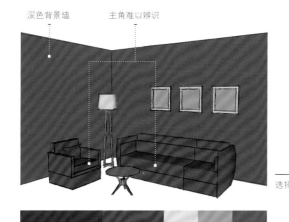

选择高明度色相

NO 在深色背景墙前搭配纯色家具，选择色相明度低的紫色，致使家具与墙面色彩混为一体，难以辨识。

深色背景墙   主角鲜明

YES 家具选择色相明度高的黄色，增大了墙面与家具的明度差，从而使主体分明，整个居室充满层次感。

增大主角色与背景色的明度差，增加层次感

主角错误，房间效果昏暗 座椅与背景墙的明度太接近，导致明度较高的桌子成为主角，层次感与实物不符，效果混乱，氛围昏暗。

主角明确，房间层次分明 主角与墙面明度差变大，主角清晰、明确，墙面、桌子和座椅在明度上递增，房间层次分明。

增大背景色之间的明度差，明确功能划分

功能划分不明确，效果凌乱 空间划分对于开放式户型非常重要，如果不同空间的明度差异小，会给人空旷、凌乱的感受。

增大明度差，效果明确、整洁 客厅与餐厅的背景色明度差较大，空间划分清晰明确，开阔却不空旷。

增强色相型，使房间效果更生动

　　如右图所示，当我们想要营造平静温和的氛围时，可以用淡蓝色和淡绿色搭配，两色色相靠近，给人稳定平静的感觉；而要营造生动活泼的氛围时，我们常常使用色相差距大的颜色，如橙色与蓝色。

　　在 Part 2 的第三节中，我们讲了 4 大类 7 种不同的色相型，由于每个色相之间的距离差距，这些色相型在对比效果上存在着强弱之分。对比效果最弱的是同相型，具备平稳、柔和的印象特征；对比效果最强的为全相型，具备欢快、热闹的印象特征。

　　在居室配色时，增大色相之间的角度差，便能增强色相型，达到更生动的居室效果。

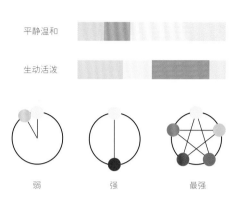

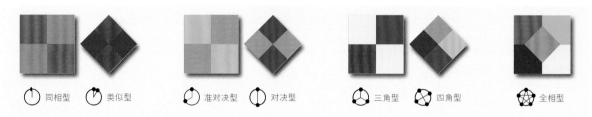

同相型　类似型　准对决型　对决型　三角型　四角型　全相型

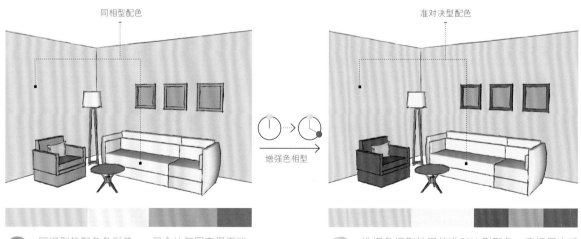

同相型配色　　　　　　　　增强色相型　　　　　　准对决型配色

NO 同相型的配色色彩单一，只会让氛围变得平淡、温和，缺乏张力，容易使人感到乏味。

YES 选择色相型较强的准对决型配色，房间层次感分明，生动且具有张力，使房间充满时尚感。

▍同色调的配色，增强色相型更具张力

色相差大，精致华美 沙发与背景墙采用了准对决型配色，色相型增强，使客厅充满张力和律动感，且紫色与棕黄色搭配，给人华丽精致的感觉。

色相差小，平淡保守 主体沙发与背景墙均采用了类似型配色，色相差小，客厅整体效果低调、保守，是适合老年人群体的传统风格。

▍色相型的增强不仅突显主角，而且改变房间氛围

房间氛围活泼、欢快 全相型的配色形成活泼、开放的氛围。房间色调明亮、鲜艳，给人愉快、欢闹的印象，适合作为儿童房配色。

房间氛围严肃、冷清 类似型配色的色相差小，房间效果混乱、模糊；蓝色和紫色的搭配给人严肃、沉重的感觉。

增加小面积色彩，使房间主体更突出

　　如右图所示，沙发和茶几的色彩比较素雅，如果没有附加的蓝色，整个客厅就会感受不到重点，显得异常沉闷。所以当房间里的主角比较朴素时，可以在其附近装点小面积的对比型色彩，使主角变得强势夺目，房间效果也更加细致精美。这种突显主角的小面积色彩叫做附加色。附加色属于点缀色。

　　附加色的主要作用在于"画龙点睛"，讲究"神聚"。如果附加色的面积太大，就会上升成配角色，从而改变房间配色的色相型。而小面积地使用，既能装点主角，又不会破坏整体的色彩印象，所以附加色的面积一定要小。

加入小面积的蓝色，突出素雅氛围，明确房间重心。

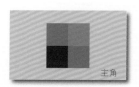

主角朴素，在同色调的环境下
显得乏味。

+

添加色调更加明艳的附加色。

搭配组合 →

依旧是复古的色调，主角却更
加强势醒目了。

主角不醒目

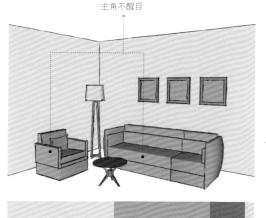

附加色使主角突出

加入附加色 →

 房间配色采用浊色调，主角朴素、低调，房间
缺乏视觉中心点。

 YES　小面积红色和土黄色的加入，为沙发增光添彩，
吸引视线，使房间层次感分明。

▌即使面积很小也能发挥大功效

主角灰暗、平庸 房间布置精致，不过在色彩上缺乏亮点，使得整个空间显得平庸乏味。

主角变得强势 给卧室中的床附加一个小尺寸的中黄色靠枕，在房间浊色调的衬托下，主角鲜明、强势，房间有了重心。

▌附加色的鲜艳程度由房间氛围决定

优雅、清爽的氛围 房间整体是追求清爽、优雅的氛围，加入淡雅色调的暖粉色靠枕，房间的女性特质大增，起到画龙点睛的作用。

温暖、阳光的氛围 靠枕和台灯的明黄色奠定了房间温暖、充满阳光的氛围，点缀鲜艳的绿色花卉明确了房间重心，给人生机勃勃的感觉。

抑制色彩，营造优雅高档的氛围

　　优雅的配色色调是淡弱的，色彩一般明度较高，纯度较低，呈现出的房间效果淡雅、细腻，很少使用大面积的深色和纯色。要营造优雅高档的氛围，就要减少鲜艳色彩的面积，这就需要对配角或背景的色彩稍加控制，来突出主角。

　　在实际配色时，配角或背景要避免使用纯色和暗色，而应改用明度较高、纯度较低的淡色调、淡浊色调，从而使色彩的强度得到抑制，达到优雅、高档且层次分明的房间效果。

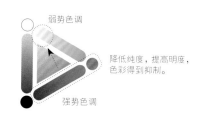

弱势色调

降低纯度，提高明度，色彩得到抑制。

强势色调

背景色纯度高、明度低，色彩浓郁，不够优雅。

配角纯度高、明度低，过于强势，主角不醒目。

抑制色彩 →

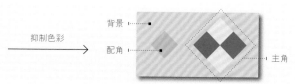

背景

配角

主角

配角、背景的色彩强度减弱，主角突出，氛围优雅、柔和。

背景和配角过于浓艳

抑制色彩 →

房间整体呈现淡浊色调

NO 配角和背景的色彩纯度高、明度低，主角夹在两者之间，层次感混乱；色彩厚重，氛围压抑。

YES 抑制墙面和地毯的色彩强度，使其色彩迎合沙发的柔和色调，整体显示出优雅、高档的感觉。

▌衬托柔和的主角，需抑制配角和背景的强度

背景和配角过于强势 墙面明度过低，茶几纯度过低，房间氛围沉重、灰暗，色彩之间对比太强，完全没有优雅的感觉。

房间氛围优雅、明亮 抑制墙面和茶几的色彩，空间变得明媚、柔和，主角也变得醒目，整体氛围低调、优雅。

▌营造淡雅氛围，忌大面积使用浓郁色彩

主角纯度太高 沙发纯度过高，色调浓郁，与周围环境的色彩对比过于强烈，无法感受到淡雅的氛围。

优雅高贵的色彩印象 降低沙发纯度，再适当提高明度，使其与墙面、花卉的色调和谐统一，呈现出优雅高贵的色彩效果。

提升房间格调有技巧！

房间效果稳定素净，可是总觉得很平庸，没有眼前一亮的心动感，想要改造却又无从下手……看看下面的内容，提升房间的格调也许没有那么难。

PART FOUR

多种色调组合，别具一格

居室采用一种色调虽然不容易出错，但是容易使人感觉单调枯燥，多种色调组合可以表现出各种丰富的感觉。想要让家显得别具一格，不妨试试多种色调的组合。

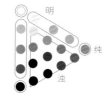

除黑白灰外，色调可以大致分为明、浊、纯三类色调。

▷ 纯色调活泼、跳跃感强，但过于艳丽刺目。

▷ 浊色调稳重，但也平庸枯燥，给人衰败感。

两种色调组合 →

▷ 既有纯色调的活跃感，又有浊色调的稳重感。

背景、配角、主角均采用纯色调

房间效果爽朗，视觉不疲劳

不同色调组合 →

 居室配色仅使用纯色调，虽然鲜艳但太过浮躁，容易引起视觉疲劳。

 加入浊色调，柔和了视觉效果，房间显得更加稳定，并且不失张力。

▎浊色调＋大面积的纯色，充满时尚感

陈旧感扑面而来　居室仅使用钝涩色调，过于古朴，缺少亮点，使人情绪低落。

典雅又时尚的居室效果　地板和沙发均为高档、稳重的钝涩色调，竖向的色彩则为亮丽的明锐色调，整个居室给人高档、充满活力的感觉。

▎浊色调的居室点缀纯色，使人眼前一亮

房间效果太沉闷　整个居室都使用浑浊的淡弱色调，给人的感觉过于朴素，房间效果太沉闷。

休闲舒适的居室环境　淡弱色调的居室给人舒畅、素净的感受，点缀纯色调的靠枕，为房间加入积极愉快的情绪。

加入黑白色，打造高冷范儿

　　无论潮流如何变迁，黑白一直被奉为经典配色。黑白搭配简单干净，不以色彩喧宾夺主，而是注重突显设计本身的造型，所以黑白搭配是突显家居现代感的一大手段。

　　全黑白色会过于冷硬，所以在居室配色中，黑白往往和一些温馨的有彩色搭配，如鹅黄、草绿等；黑白色与几何图案搭配可以避免房间过于呆板，在地面、墙面或家具上使用不同图案可以突显出空间的个性。

 YES　黑白搭配充满现代感，格调提升。

 NO　简约朴素，缺少个性。

朴素平庸的配色，缺少眼前一亮的感觉。

对于居室配色而言，全使用黑白又过于冷硬。

 黑白与有彩色搭配

配角

主角

加入黑白突显有彩色部分，又提升了格调。

加入黑白色，突显设计感

效果平庸，缺乏设计感　整体配色比较清爽，但居室中的线条和几何元素都不够突出，缺少设计感。

充满格调的北欧风居室　黑白色突显了布艺和装饰画的纹样，丰富了布置简洁的房间的细节感，也衬托出绿色的清新和木色的舒适感。

6 种方法让家绽放出 最舒适的色彩

如何搭配出可以让身心放松的治愈系居室空间氛围呢？下面的 6 种方法，教你让家绽放出最舒适的色彩。

PART FOUR

运用相近色相，提升房间舒适感

当空间色彩给人过于浮躁、繁杂的感觉时，可以适当减小色相差，使色彩之间趋于融合，使空间感更稳定。只使用同一色相的配色称为同相型配色，使用相近色相的配色称为类似型配色。这两种色相型的色相差都极小，可以产生融合、稳定的空间效果。

色相差小，恬静温馨

色相差大，动感活泼

全相型配色，色彩虽丰富但过于繁杂。

减小色相差 →

采用对比型配色，减少色彩数量，收敛色彩。

减小色相差 →

采用类似型配色，空间效果温暖、舒适。

▌色相差越小越显平稳

自然、舒展的类似型配色 嫩绿色和棕色为临近色，以两色为主的类似型配色给人自然、舒适的感受，空间不沉闷。

稳定、执着的同相型配色 同相型配色仅有一种色相，给人强烈的人工感和执着感，与无彩色搭配效果很好。

统一明度，营造安稳柔和的氛围

　　要想营造安稳柔和的居室氛围，减小色彩明度差是非常有效的方法。在色相差较大的情况下，使明度靠近，则配色整体给人安稳的感觉。这是在不改变色相型和原房间氛围的同时，得到安稳柔和配色的技法。

　　当明度差为零并且色相差很小时，容易使空间过于平凡、乏味，这时我们可以适当增强色相型，避免色彩太单调。

 房间效果温馨、柔和

 明度对比太大，不够柔和

明度差异大，效果不安定。

明度差为零并且色相差很小，给人单调、乏味的感觉。

 统一明度，适当增强色相型

配角

主角

色彩效果稳定、柔和。

▌减小明度差，氛围更柔和

明媚、爽朗的房间效果 浅蓝色墙面与地面、天花板的明度靠近，房间光感柔和，整体氛围明媚、舒朗，给人宽敞的空间感。

明度对比太大，效果昏暗 墙面色彩比天花板和地面的明度低，空间显得拥挤，给人压抑、沉闷的感觉。

拒绝过于鲜艳的房间色彩

　　在前面我们讲到过多种色调的组合可以达到使人眼前一亮的空间效果。不过当色相差较大时，如果色调也存在较大差异，色彩间的对比就会过于强烈了。这种情况下就应该靠近色调或减弱色相型。

对比色调突显的作用

色调稍微偏离，对比感不强

色调靠近融合的效果

YES　低调、沉稳的房间效果。

NO　色调差异大，氛围不够稳重。

色调差异太大，空间感不稳定。

不同的色调太多，色相差也大，对比过于强烈，效果混乱。

黑白与有彩色搭配

配角

主角

色调靠近，房间效果稳定、柔和。

靠近色调的同时也要避免单调

简约、时尚的房间效果　房间整体呈现浊色调，暗红色背景墙与家具的色彩具有适当的色相差，给人低调、大气又时尚的氛围。

色调差太大，效果突兀　背景墙色彩过于鲜艳，与家具色调对比强烈，带来压抑、紧张的情绪。

加入过渡色，减少突兀感

　　当色彩数量较少，色相差又较大时，居室的空间效果往往会单调且对比强烈，视觉上会很突兀。这种情况下，我们可以加入原有色彩的同类色或类似色，起到过渡的作用，柔化色相差异，在对比的同时增加整体感。灰色也能起到很好的调和作用，但要注意灰色要与其中一种颜色的明度靠近。

　　另外，色彩数量的增加也使得居室更具有细节感，配色的效果自然、稳定。

YES　黑白搭配显得充满现代感，格调提升。

NO　简约朴素，缺少个性。

色彩单调，对比过于强烈。

加入过渡色　→

加入同类色，画面充满层次感，突显细节。

加入类似色，画面色彩更丰富了。

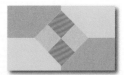

加入灰色进行调和，减少了突兀感。

▌添加类似色形成色彩融合

舒适、休闲的房间效果　加入棕色和砖红色，两色为米棕色的类似色，使深青色的沙发与环境更加融合，且房间更具有细节感。

单调的房间效果　通体都是深青色的沙发在米棕色的环境中缺少融合感，色彩数量少，单调且突兀。

色彩重复出现，营造整体感

　　同一色彩在不同地点重复出现，能达到融合、呼应的效果。色彩单独出现形成强调作用，重复出现则能促进整体空间的融合感。这种重复的色彩常以点缀色或配角色的形式出现。

　　如右图所示，淡黄色出现在床上用品、台灯、地毯和礼物盒上，使整个卧室和谐、充满整体感；而第二张图中单独出现的粉色台灯则形成强调的效果，卧室的重心落在配角上，房间显得不和谐。

 重复的黄色营造卧室的整体感。

 单独的粉红色台灯显得异常突出。

虽然强调了主角，但深绿色显得突兀，缺乏融合感。

配角色彩单独出现，视线容易聚集在配角上。

重复色彩 →

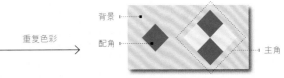

重复的深绿色增大了融合感，加强了主、配角之间的联系。

色彩重复出现形成关联

和谐、充满韵律的房间效果 绿色分布于卧室的各个位置上，使床上用品、绿植、装饰品等都相互呼应，增加了空间氛围的整体感。

色彩杂乱，房间缺乏整体感 卧室内的点缀色太多且不统一，房间各个地方无法形成呼应，感觉杂乱、缺乏整体感。

渐变排列色彩，表现稳重感

渐变色彩即指色彩的逐渐变化，常见为色相渐变，也有明度渐变、纯度渐变。当色彩按照一定的顺序和方向变化时，色彩的节奏舒缓，给人舒适稳重的感觉；当色彩间隔排列时，色彩的节奏跳跃，则充满动感和活力。

在空间的大色面上也可以用到渐变排列和间隔排列。"天花板浅、墙中、地深"的渐变排列可以营造稳定的空间感受，"天花板浅、墙深、地中"的间隔排列则能营造动感的空间效果。

渐变型　　　　　　　　　　间隔型

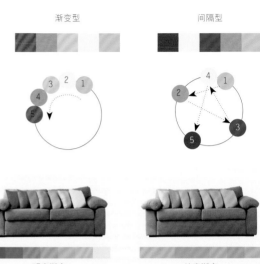

色相分隔

色相渐变

明度渐变

纯度渐变

▌间隔的配色有活力，渐变的配色更稳重

间隔配色充满活跃感　色彩打乱顺序穿插排列，使渐变的稳定感减弱，房间效果动感十足，给人生机勃勃的感觉。

渐变配色具有稳定感　色彩根据色相和明度的顺序渐变排列，充满韵律感，给人舒适、安稳的空间氛围。

PART FIVE

5

人人必备的软装
搭配指南

提升品位的家具

家具除了满足基本的生活起居的要求外，还体现出居住环境的设计风格，反映出居住者的审美品味与文化素养。家具既是物质产品，也是艺术创作，更是我们生活的缩影。

PART FIVE

沙发是客厅的点睛之笔

在我们挑选沙发造型、色彩前，有一点要先弄清楚：沙发如何布局？对于紧凑的小户型，沙发宜选择精简的布局，如双人沙发＋座椅；对于大户型，沙发布局就十分灵活了，可以选择 U 字形、口字形等。当沙发的布局确定好后，我们就可以选择沙发的颜色或风格了。

1 基础色或同色系，不易错

▲ 客厅整体环境为浅棕色调，选择白色的基础色沙发，使其自然地融合到环境中。

黑、白、灰、棕四个基础色是比较百搭的沙发色彩。黑、白、灰为无彩色，不会与有彩色发生色相型上的冲撞；棕色的纯度和明度都偏低，且色调为居室配色常用的暖色调，也是非常安全的选择。在实际搭配时，再加上一些色彩明丽的靠枕或其他元素，可打造层次丰富的空间。另外，选择同色系的沙发组也可以维持整个空间的和谐统一。

2 彩色沙发让客厅焕发光彩

▲ 客厅背景色以棕灰色为主，搭配色彩丰富的沙发，使整个居室充满了新鲜感。

彩色系的沙发可以瞬间成为客厅中的视觉焦点，丰富客厅的色彩，达到活跃气氛的效果。不过搭配时要注意沙发与背景墙、茶几之间的颜色协调。

在选择彩色沙发时，我们还要注意颜色不能杂乱，要适当收敛背景墙和其他装饰品的色彩，或与其达到色彩呼应的关系。整个客厅的主色不能超过 3 个。

3 材质使沙发色彩更具质感

▲ 皮艺沙发表面的褶皱效果，加之不均匀的颜色分布，突显了客厅粗犷的复古风格。

在选择沙发色彩的同时，我们也要注意沙发材质的影响。常见的沙发材质可分为布艺沙发、皮艺沙发、木制沙发以及藤编沙发，不同材质表现出的效果也不一样。

如果将上图中的沙发改为同色的布艺沙发，那么沙发的风格则变成了现代简约，放在居室中会给人平淡的感觉。所以要结合整体风格来选择合适的沙发材质。

沙发风格速查

皮质表面与几何感十足的造型相结合，时尚高端，前卫又复古。

◀ 左边的单人沙发是常见的现代简约风格，暖绿色给人清新、愉悦的感觉。

绿色丝绒材质的古典沙发，适合搭配高贵神秘的深色调欧式客厅。

深蓝色布艺沙发搭配木质沙发脚，线型柔和，简约精致，是典型的北欧风格。

繁复的花纹搭配偏暖的浊色调，色彩丰富，充满异域风情，可以搭配北欧风格或波西米亚风格。

▼

暗红色的简约布艺沙发，极具时尚感，与白墙搭配会有意想不到的效果。

◀ 米白色的纽扣沙发，典雅高贵，适合欧式古典风格或美式风格。

日式 MUJI 风格的粉白色简约沙发床，实用且节省空间。

衣柜与卧室的搭配

从室内设计学观点来看，衣柜不但承担了收纳衣物的功能，同时也扮演着卧室装饰品的角色。衣柜属于大容量的柜子，在卧室中占据较大的色彩面积，所以作为卧室配角色或背景色的衣柜，色彩应与床头柜或墙面的色彩相统一，来营造一个和谐、舒适的卧室环境。

1 依照卧室风格来选择衣柜

▲ 衣柜的色彩为暗色系，造型简约大气，与居室的整体风格相融合。

衣柜在卧室中往往占有较大的竖向面积，属于不可或缺的一部分，对空间风格起着非常重要的作用。

欧式风格是较为奢华、古典、富丽堂皇的，而欧式风格的衣柜一般分为淡色调的白色与深色调的苹果木色，分别可以营造出典雅高贵和厚重庄严的氛围；现代简约风格的衣柜往往造型简洁，主要通过色彩、几何线条来表现，可以简洁清新，也可以时尚绚丽；田园风格则主要表现在布艺上，所以衣柜可以选择明度、纯度适中的色彩，造型简约大方，以原木材质或新古典风格为最佳。

2 浅色系衣柜提高睡眠质量

▲ 白色衣柜与白墙融合，房间显得开阔，再搭配浅蓝色的床品，给人安静、温和的印象。

若衣柜颜色过于深沉，时间长了，会使人心情抑郁；颜色太鲜亮也不好，时间一长，会造成视觉疲劳，使人心情烦躁，也会影响睡眠。浅色有助于放松心情，安神静心。建议用浅色，如白色、米色、米白色、粉玉色等一些比较温馨的颜色。同时，浅色系也是近几年的流行色系，比较适合追求时尚的年轻白领，对处在工作高压下的他们来说，更愿意选择利于休息睡眠的颜色。

另外，白色是百搭的颜色，配合不同风格造型能让人品味出不同的感觉。

3 依使用者属性选择衣柜

▲ 欧式的浅黄绿衣柜装饰精致的花卉图案，呈现温馨、柔美的效果，很适合女性卧室。

卧室的色彩设计会根据住户的个体情况来打造适合他们的色彩氛围，衣柜也是同样的道理。

女生卧室充满幻想和梦幻的氛围，墙角里干净的衣柜能增加轻柔感，所以色彩倾向于浅暖色系；而男生衣柜则倾向于展现沉稳、冷峻的冷色或无彩色；居住在主卧里的夫妻，卧室衣柜的色彩搭配可以采取暖色系混合冷色系，能搭配出温馨的感觉；老人房的衣柜同样需要以温馨为主，不过在选色上不能太艳丽，可选择怀旧情调的实木衣柜。当然，选色的前提还是不能脱离卧室的装修风格。

衣柜风格速查

简易衣柜便捷、实用，并且价格实惠，受到很多年轻租房族的喜爱。

白色的欧式古典衣柜装饰金色卷草纹，适合淑女风格的女性卧室。

淡绿色木质衣柜是造型简约的新古典风格，给人清新、可爱的感觉。

暗红色实木外观搭配金色的金属合页、拉环，充满中式古典韵味。

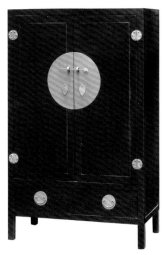

木质衣柜在柜门和抽屉正面分别刷上了红色、中黄色和深灰色，极具张力，适合时尚的现代风格卧室。

造型简约的亮白色柜门上装饰木色的树林剪影图案，适合自然、简约风格的卧室。

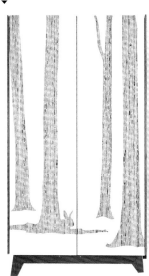

客厅搭配，茶几别选错了

在现今的居室空间中，有沙发的地方似乎总少不了茶几的身影。尤其在现代客厅里，一款实用、时尚的茶几与沙发搭配能够让客厅成为极佳的聚会、休闲之地。茶几的风格、款式、材料和样式变换繁多，如何选择茶几需要结合沙发的样式以及客厅的整体风格和布局来共同考虑。

1　茶几与沙发的色彩搭配

▲ 黑色茶几的色彩与地毯、台灯一致，形成黑色的色彩块面，与墙面、地板一同衬托出沙发亮丽的色彩，效果和谐。

在色彩上，茶几一定要起到衬托的作用。在符合整体居室风格的基本条件下，不能喧宾夺主，应起到衬托沙发的功能。色彩尽量选择基础色，如黑色、白色、灰色和棕色，或者选择金属或玻璃材质，百搭且不会影响客厅的配色。茶几的花纹、造型不宜繁复。

另外，还可以通过重复融合的方法选择茶几色彩：将茶几与电视柜或沙发靠枕等配角统一为相同色系，使空间达到整体融合的效果。若实在不好确定茶几选什么颜色，可以选择这个稳妥的搭配方式。

2　茶几的布局十分重要

▲ 白色茶几与沙发色彩相同，效果和谐，圆形的外观增加了日常生活的安全性。

茶几在布置上很有讲究。首先，沙发为客厅主角宜高大，而茶几是配角宜矮小，若茶几面积过大，就是喧宾夺主了；并且客厅的主要功能是会客，茶几过大会拉远茶几两边坐着的人的距离，影响交谈氛围。其次，茶几的摆放位置不可以和大门对冲。最后，茶几的桌面高度要略低于沙发扶手的高度。如果找不到合适的茶几高度，那么宁可选择矮点的高度，也不要选择高的。高茶几不但会阻碍人们的视线，而且不便于人们放置物品。

3　不同材质茶几的选择

▲ 图中茶几为大理石与铁艺的结合，适宜现代、奢华的空间氛围。

随着家具行业的不断发展，沙发茶几的材质也越来越多样。

简约的木质茶几给人柔和、自然、朴实的感觉，雕花或拼花的木茶几，则流露出华丽感，较适合古典空间；玻璃茶几具有明澈清新的透明质感，可使整个空间气氛轻松而有朝气，有扩大空间的效果，适合现代感强的居室氛围；石质的茶几主要突出自然纹理，让人感受到一种气魄和自然美；铁艺茶几精美、轻盈的造型则给人华丽、高贵的感觉，适合欧式风格的居室或花园休憩空间。

茶几风格速查

玻璃桌面搭配金色的万字纹金属桌脚，透着精致奢华的古典韵味，适合新中式风格的客厅。

茶几的造型简约大方，适合现代、时尚的居室风格。

棕色实木茶几的造型精美、复古，是典型的欧式古典风格。

由橙红色和紫色组成的人造玛瑙桌面，搭配几何感强烈的金属桌脚，风格时尚前卫。

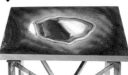

几何曲面造型使人眼前一亮，结合原木材质，给人舒适、亲和的感觉。

茶几不具有色彩倾向，玻璃材质给人轻盈、凉爽的感觉，几何造型则充满时尚感。

造型简约、错落有致的组合茶几增添了客厅休闲、轻松的氛围。

茶几造型简约，圆形元素再搭配粉嫩的浅绿色，充满可爱、清新气息，适合清新的北欧风居室。

电视柜，视听盛宴的舞台

现今家居都崇尚功能化的简约设计，如 MUJI 风格、北欧风格，而过去盛行的电视背景墙繁琐又无用。很多人在装修时都会苦恼于电视背景墙应该如何设计，其实简单的电视柜也能让空间焕发活力，不论是装饰、收纳还是展示，多元化设计的电视柜都能满足要求。

1　电视柜的基本样式

▲ 图中展示的是矮柜式电视柜，造型为现代简约风格，储物性强。电视采用壁挂的方式。

如今的电视柜根据人们的不同需求大致发展为以下四种样式：独立式电视柜、矮柜式电视柜、组合式电视柜，以及隐藏式电视柜。

独立式电视柜的优点在于外形小巧，移动方便，很适合小户型客厅。

矮柜式是最常见的电视柜形式，样式繁多，电视机可以壁挂或在桌面摆放，非常灵活。

组合式电视柜的最大优点是设计精巧和功能多样，不仅可以安置电视、收纳物品，还代替了背景墙起到很好的装饰作用。

如果客厅还需要其他空间功能，隐藏式电视柜则可以很好地隐藏电视，方便其他氛围的营造。

2　什么色彩的电视柜最百搭？

▲ 图中的电视柜由木质排柜和木框隔板组成，在暖灰色墙面的衬托下，显得质朴、温馨。

在家居配色中，小面积的无彩色和金色、银色对家居的色彩印象影响并不大，电视柜作为客厅的配角，使用上述的色彩自然是非常稳妥的选择，但建议不要选择通体都是金色或者银色的电视柜，那样会给人一种冰冷的感觉，影响居室温馨的氛围。

另外，棕色或浅木色也是非常百搭的选择。与暖色墙面搭配时给人温暖、柔和的感觉；与冷色墙面搭配则具有色相对比，增加色彩张力，给人活泼、好客的印象。

3　打造充满科技感的视听区

▲ 黑色的电视柜装饰蓝色灯带，在几何图案的背景墙衬托下，极具未来感。

对于爱好影音、游戏的人而言，打造一个充满科技感的视听区是非常重要的。

具有科技感的配色中一定少不了无彩色。黑色充满高端、神秘感，白色则是简约、纯粹的感觉，灰色给人温和、人性化的印象。这三个色彩应作为视听区的主色，来奠定充满科技感、未来感的格调。其中，有彩色的数量不能超过两种，尽量选用高纯度色彩，如橙色、蓝色，在无彩色的衬托下，更具动感。另外，电视柜和背景墙宜选择纯色或几何图案，切忌使用花卉图案。如果电视柜自带灯带，无疑对表现科技感更有帮助。

▎电视柜风格速查

这款木质的组合电视柜有一个中式风格的展架，适合传统、简约风格的居室氛围。

自然的木纹搭配米白色的柜门，透过其简约、质朴的造型，散发出自然的气息，适合现代简约或 MUJI 风格的居室。

这款电视柜的造型简约大气，黑色与橙色碰撞出时尚、绚丽的氛围。

造型简约的棕色电视柜搭配冷灰色和草绿色，增加了空间自然、清新的印象，适合现代简约风格的客厅。

黑色的金属电视柜采用展架的造型，样式简约大气，充满前卫气息和科技感。

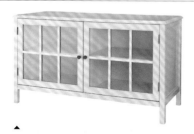

中黄色如阳光一般带给人愉悦、积极的心情，搭配柜门格窗的设计，非常适合田园风格的居室风格。

棕色和白色搭配的光面木质电视柜，造型简约，适合 MUJI 风格或现代风格的居室。

柔化棱角的布艺

要营造舒适、温馨的居室空间，布艺是不可或缺的家居陈设元素之一。它柔化了室内空间生硬的线条，赋予居室柔和的格调，或华丽典雅，或自然清新，或浪漫诗意。

PART FIVE

丰富空间层次的地毯

地毯在最初只是用于铺地，起到御寒和坐卧的作用，后来随着民族文化和手工技艺的飞速发展，地毯也逐渐发展成为高级的装饰品，既有御寒、防潮的功能，也有美观、华丽、高贵的观赏效果。在居室中装饰地毯可以增加地面的色彩，既可以区分功能区块，还可以丰富空间的层次感，从而使空间氛围更精美。

1 客厅地毯搭配技巧

▲ 黑白的奶牛皮毛地毯图案醒目，突出客厅的重心，渲染出原野牧场的氛围。

对于客厅，地毯的颜色应该与电视墙、墙面、地板以及家具的颜色先协调。地毯色彩不宜过多，遵循"色不过三"原则。选择客厅地毯颜色时，要做到有整体的一个对比度。例如黑白色的地毯就非常受欢迎。另外，色彩纯度较高的地毯可以增加愉悦的气氛。

2 卧室地毯搭配技巧

▲ 卧室主要以清新的绿色为主调，室内绿意盎然，充满生机，绿色的地毯使人仿佛置身于青青草地，适合春夏季节。

在夏天的时候，天气比较热，所以地毯的色彩应尽量选择冷色调，增加清爽舒适的卧室氛围，但前提条件是必须和家具相协调；冬天天气比较冷，地毯色彩优选暖色调，如橙色、棕色，可以营造暖烘烘的感受，并且具有很好的助眠效果。

3 如何选择地毯的材质

▲ 草织类地毯色彩一般为材料的本质色，造型简约质朴，纹理感较强，适合北欧风格或地中海风格。

地毯按照材质可以分为纯毛地毯、混纺地毯、化纤地毯、塑料地毯和草织类地毯等。纯毛地毯可以给人高贵奢华的感觉，能提升房间的奢华气质；混纺地毯和化纤地毯在色彩和样式上都非常丰富，有单色、多色、各种图案或花纹，可依据居室风格进行选择。

地毯风格速查

缤纷的格子地毯上有将近十种色彩，零散的分布使房间充满了欢快、愉悦的感受。

灰白色的几何放射状地毯，极具现代感，给人前卫时尚的感觉。

蓝、紫红、黄、深绿色的四角型配色为空间增加了开放感，充满异域风情。

蓝色系的几何地毯能为空间带来一丝静谧与凉爽，适合现代简约或北欧风格的居室。

地毯由碧绿色过渡到灰白色，与房间里的其他陈设色彩相协调，使空间充满了静谧、开阔的氛围。

精致复古的花纹地毯不仅适合欧式古典风格的居室，还能使原本素净的空间不再单调枯燥。

窗帘，营造不同的情调

　　窗帘是点缀格调生活空间不可缺少的布艺装饰之一，是主人品位的展现，也是生活空间的调味剂。选择合适的窗帘可以装饰窗户、房间，保护我们的生活隐私，还可以遮光、减光，调节室内光线。窗帘按造型可以分为罗马帘、卷帘、垂直帘和百叶帘等。布艺窗帘在家居生活中应用最广泛。

1　根据房间来选择窗帘色彩

▲ 米白色的窗帘柔化了卧室的自然光照，同时不影响卧室的明亮、舒适感。

　　对于不同的房间需要选择不同的窗帘颜色。客厅应选择暖色窗帘，既热情、亲切又豪华；卧室需要良好的休憩氛围，选择能营造宁静氛围的中性色或浅冷色调为宜；书房最好使用舒适的绿色；餐厅适合用白色。

　　窗帘还可以调节自然光照。光线偏暗的房间适宜选择中性偏冷色调；而采光较好的房间可选择色彩明度较低的窗帘。

2　窗帘色彩调节房间氛围

▲ 卧室主要以白色调为主，加入姜黄色的窗帘，与床品协调，使整个空间充满了冬日暖阳般的舒适感。

　　窗帘在房间中占有一定的色彩面积，对房间的氛围有很大影响。窗帘的色彩要与整个居室氛围相协调，主要在于与墙面、地面以及房间主角的搭配上。比如墙面、家具偏黄色调，窗帘也采用淡黄色，虽然看似和谐，但时间长了，心理上难免会觉得烦闷，可以选择冷色或中性色来中和。又比如淡湖色墙面搭配白色或香槟粉色窗帘，氛围柔和、舒适，不会过于偏冷。所以窗帘又起到了调节、缓冲的作用。

3　不同季节选择不同材质

▲ 轻薄的棉麻材质结合深湖绿色，仿佛森林在呼吸，非常适合闷热的夏季。

　　与沙发、餐桌这些家具不同，窗帘具有方便更换的优点。所以应对不同季节，我们可以选择不同材质的窗帘。春秋季节以厚料冰丝、涤棉等为主，色泽以中色为宜；夏季较炎热，可以用质料轻薄、柔软透明的纱或绸，主要选择浅色，营造透气、凉爽的居室氛围；冬天则适宜用较厚实、细密的绒布、亚麻布等，色彩以暖重色为主，可以烘托出厚密温暖的气氛。而花布窗帘活泼欢快，四季皆宜。

窗帘风格速查

卡其色的窗帘下装饰深棕色的五角星图案，风格可爱，适合儿童卧室。

黑白底纹搭配菠萝图案，时尚又俏皮，适合时尚前卫或北欧风格的居室。

灰色小型窗帘搭配竖向的绑带，适合卫浴、厨房等有小尺寸窗户的房间，给人轻松、可爱的感觉。

窗帘上精美的纹饰和丰富的色彩为居室增添了一抹亮丽的风景。

蓝灰色拼接中灰色的绒布窗帘，整体色调较暗，适合风格稳重、干练的男性居室。

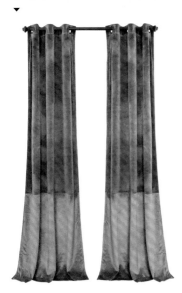

双层窗帘主要由纱层和布层组成，可以满足不同的光照需求；深蓝色可增加空间的静谧感。

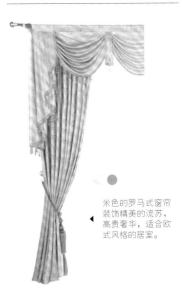

米色的罗马式窗帘装饰精美的流苏，高贵奢华，适合欧式风格的居室。

床上用品是卧室的外衣

卧室是最能体现主人生活素养的房间，而床又是整个卧室的视觉焦点，床上用品（后简称"床品"）作为床的外衣、装饰，展现出主人的日常生活、爱好、性格特点和品味。床品与我们的休息、睡眠也息息相关，它的色彩、纹饰在无形中影响着我们的心情与健康，那么我们应该如何选择适宜的床上用品呢？

1 床品颜色与健康息息相关

▲ 对于患有高血压、心脏病的人，淡蓝色床罩有助于降低血压，稳定心率。此外，淡蓝色还适用于用脑过度的白领一族。

新婚者的居室宜选用鲜艳浓烈的红色床罩，既为房间增添喜庆气氛，同时可刺激神经系统，增强血液循环。但失眠、神经衰弱、心血管病患者不宜使用红色床罩。情绪不稳容易急躁的人，居室宜用嫩绿色床罩，以舒缓紧张情绪。而金黄色易造成情绪不稳定，患有抑郁症和狂燥症的人不宜使用。紫色有安神作用，但其对运动神经和心脏系统有压制作用，故心脏病患者应慎用紫色床罩。

2 床品与卧室的搭配技巧

▲ 床品选择了与墙面相似的藏青色，与白色和米色搭配，整个房间显得宁静、高雅。

床上用品虽然更换频繁，但作为卧室的主角，色彩一定要与整体空间相和谐。

床品选择卧室主色的邻近色或类似色，平稳和谐；但不要选择同色，否则就会混为一体，缺少层次感，不辨主次。

繁简搭配的效果也非常好。比如卧室的风格比较复杂，就要选择简洁、大方的床品，如纯色、条纹、格子之类；繁复的花纹、图案则会使空间显得杂乱无章。

3 床品应适应季节与采光

▲ 图中卧室宽敞明亮，床品为米色加细致花纹的欧式风格，使卧室丰满不显空旷，色彩温暖不过于厚重，适应冬末初春乍暖还寒的气候。

夏季气候炎热，采光较好的居室可以选择明度较高的冷色系床品，减轻炎热感；而采光差的卧室建议选择亮丽色彩的床品来增加活力和开放感。

冬季寒冷，可以选择明度较低的暖色系床品，增加厚重感，或者选择色彩鲜艳丰富的大图案床品，以减弱冬季带来的苍凉萧索。

而春秋季节的选择面较广，但要注意采光差的卧室都尽量选择明度较高的床品，消除阴暗的氛围。

床上用品风格速查

⚫ ⚪

白色搭配深蓝色格纹，给人高贵、严谨的感觉，适合欧式古典风格的卧室。

▼

淡黄色搭配浅冷灰几何图案，适合北欧风格的清新感卧室。 ▶

⚫ ⚫ ⚪ ⚫

浅松石色底色搭配橙色的几何狐狸图案，给人俏皮可爱的印象。

▼

▲

篮球主题的床上用品创意满满，深受男孩们的喜爱。

⚫ ⚫ ⚪ ⚫

⚫ ⚫ ⚪ ⚪

中灰色的被套简约大气，搭配简约格纹，适合欧式风格或现代简约风格。

▼

⚫ ⚫ ⚫ ⚪

不同样式的蓝色系格纹拼接，给人干练又轻松的感觉，适合男性卧室。

◀

彰显个性的家居装饰品

随着人们对居家生活品质的要求越来越高，室内环境不断改善，家居装饰也越发丰富起来。其中，工艺品和装饰画是最常见的形式，既能体现屋主的个性审美，又能为居室注入灵魂，使空间氛围平添几分生命力和灵性。

PART FIVE

烘托气氛的工艺品

艺术来源于生活，又高于生活。工艺品作为人类智慧的结晶，直接体现了人类无穷的创造性和艺术性。工艺品作为家居装饰的首选，不仅能够体现屋主的兴趣爱好与审美取向，还能增加室内的生气与活力，鲜明地体现家居的设计主题，起到画龙点睛的作用。

1 工艺品的装饰原则

▲ 圆形和方形的工艺品高低错落，具有一定的韵律感，提升了房间格调。

在用工艺品装饰前，一定要注意以下几点原则：1. 不具备装饰效果的工艺品，和居室风格冲突的工艺品，和本人及家人身份不相符的工艺品不要摆放；2. 不要随意摆放或堆砌工艺品；3. 有序的工艺品布置会使空间产生一定的韵律感，工艺品的尺寸、数量、造型、色彩等都会形成不同的节奏。

2 家居工艺品的色彩搭配

▲ 金属鹿头装饰品的色彩与砖墙色彩相近，中间搭配一块米黄色模板，使装饰品与砖墙不混为一体，增加了空间层次感。

工艺品与色彩环境也十分重要。小尺寸的工艺品在整个居室中占有很小面积，选择鲜艳亮丽的色彩可以起到点亮空间的作用；大尺寸工艺品则需注意与整体色彩环境的协调统一，在增添空间细节的同时，不改变空间的配色结构。背景可采用镜子或其他色块，但背景色彩数量不能过多，否则会喧宾夺主。

3 视觉条件决定摆放位置

▲ 图中的白马雕塑放置在边几上，对于旁边的沙发椅高度适宜，装饰效果较理想。

工艺品主要起到观赏和装饰的作用，对于不同的房间，工艺品摆放的位置也不同。客厅内工艺品可以放在电视柜或茶几上，而玄关处工艺品应适当抬高。工艺品摆放应尽量与视线相平。在具体摆设时，色彩鲜亮的，宜放在深色家具上；美丽的卵石、古雅的钱币等，可放在浅盆低矮处。

▍工艺品风格速查

两个造型简约的瓶组为淡蓝色，与房间色彩相协调；棕色的工艺收藏品色彩与蓝色形成对比，增加活跃感，使氛围不过于冷清，自然的造型和纹理增加了空间格调。

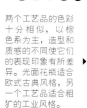

两个工艺品的色彩十分相似，以棕色系为主，造型和质感的不同使它们的表现印象有所差异。光面花瓶适合欧式古典风格，另一个工艺品适合粗犷的工业风格。

虽然蓝色与场景比较融合，但摆件是可爱的卡通人物，更适合甜美风格的儿童房，与轻奢主义风格场景不搭。

色彩鲜艳的装饰花瓶能为黑白灰调的空间带去活力与欢乐，但将失去原房间的沉稳、格调感，略显廉价。

房间为黑白灰的色调，点缀同色系的工艺品，整个房间呈现沉稳、刚毅的氛围，极具格调。

瓷象通体白色，可以完美融合进任何风格的房间；青花瓶属于中式古典风格，而房间风格属于简欧风格，不能相互融合。

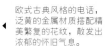

欧式古典风格的电话，泛黄的金属材质搭配精美繁复的花纹，散发出浓郁的怀旧气息。

装饰画是房间色彩印象的"镜子"

在居室装修中，装饰画对氛围营造起到立竿见影的效果。一个优秀的家居装修中，装饰画可以是整个居室风格的浓缩影像，从中我们可以看到房间的装修风格、设计主题甚至色彩印象，它像一面镜子一样，直观地反射出居室的灵魂所在。

1 根据装修风格选择装饰画

▲ 两幅装饰画的底色与黑白地毯形成呼应，几何的图案和简约的植物标本在水泥墙的衬托下，整个居室展现出北欧风格。

欧式风格的房间适合油画作品，别墅等高档住宅可以考虑一些大尺寸的肖像油画；简欧式装修风格的房间可以选择一些印象派油画，活泼又不失古典；田园风格的居室则可搭配花卉、风景题材的装饰画。

中式装修风格的房间适合国画、水彩画，内容以山水写意、花鸟鱼虫为主。

现代简约风格的房间可以搭配一些抽象的装饰画，而时尚风格的房间可以选择前卫、色彩鲜明的人像画报，使空间充满张力。

2 根据墙面色彩选择装饰画

▲ 墙面色彩为淡绿色，整体色调较淡，选择有对比系的无框油画，使居室色彩更加平衡、协调。

如果墙面是刷的墙漆，色调平淡的墙面宜选择油画。而深色或者色调明亮的墙可选用照片来作为装饰画。如果墙面色彩纯度较高，装饰画建议有大面积的白底，大方醒目，又增加了空间的通透感。

如果墙面贴的是壁纸，中式风格的壁纸适宜国画，欧式壁纸则选择油画，简欧风格选择无框油画；如果墙面大面积采用了其他材料，则根据材料的特性来选画。木质材料宜选带有木制画框的油画，金属等材料可以选择有银色金属画框的抽象装饰画或者印象派油画。

3 不同区域选择不同题材

▲ 清新的蓝绿色和粉色与写真照片进行创意几何拼贴，非常适合现代简约或北欧风格的卧室。

装饰画摆放的空间也是影响装饰效果的重要因素。不同空间适宜摆放装饰画的题材有很大差别，例如，在客厅摆放一幅水果静物油画就会让人觉得很奇怪。客厅是平常休闲活动与会客的空间，装饰画往往会成为视线焦点。客厅可以选择风景、动物题材的装饰画、摄影照片，或者能使人产生联想的抽象画，可以产生一定程度的视觉冲击力。卧室可以选择色彩轻柔的装饰画或自己的写真、画作。餐厅可以选择食物题材的装饰画，或者能促进食欲的暖色系抽象画。

装饰画风格速查

一套精美的黑白照片组可以用来充实空旷、苍白的墙面，同时不会影响房间的配色。

灰色和蓝绿色系搭配的油画，装饰金色的金属画框，精致、优雅。

细腻精美的动物肖像画可为空间带来一丝不羁和野性。

蓝色系的矿石静物画搭配浅灰色的画框，适合现代简约风的居室。

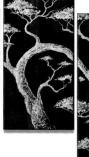

这是一组具有东方古典韵味的不规则装饰画，金色和暗红色搭配，表现出高贵、奢华的居室风格。

色彩丰富的抽象无框油画，搭配现代简约风格的居室，使整个居室绽放夺目光彩。

抽象、色彩充满张力的人物肖像油画，使整个居室充满了前卫又神秘的气氛。

满室温馨的花艺

花艺指通过一定技术手法将花材排列组合或者搭配，使其变得更加的赏心悦目，让观赏者解读与感悟。在居室中摆放花艺不仅可以起到装饰美化的作用，还可以提高生活情趣。

PART FIVE

提升格调的插花

花瓶作为承载花材的容器，就像外衣一样，与精心搭配的花材一同组成美化居室的插花。在不同的房间中摆放适宜的插花，可为整个空间增添自然气息，同时增加空间舒适感。插花的摆放位置可以参考之前讲到的工艺品摆放位置，不过要注意不同样式的插花，其适宜的观赏面也不同。

1 不同的区域选择不同插花

▲ 餐厅陈设以木质材料为主，装饰一捧鲜艳的橙红色郁金香，美观又促进食欲。

玄关和过道都比较窄小，最好选用简洁、带有愉快颜色的插花，花朵不宜过大，以挺直型为宜，如马蹄莲。卧室是最需要安静的房间，建议选择色彩淡雅、无香味的花材。客厅的插花可以丰富些，放在大型台面上，会显得非常热烈。若用来点缀规格较小的茶几、组合柜等，则优选圆锥形的小型插花。餐厅插花通常放置在餐桌上，鲜艳的色彩可以增加愉悦的气氛。

2 装修风格影响插花的搭配

▲ 选择造型简约的白色花瓶，再搭配一到两种花材，烘托简约淡雅的氛围。

对于欧式装修风格的居室，可以选择精美复古并且带有鼓腹的花瓶，花材要丰富饱满。对于中式风格或日式 MUJI 风格的居室，则应对应选择东方花艺，以简化繁，突显意境美。而现代简约风格的居室则应选择同样风格的插花，要注意色彩的协调。另外，在花材与花瓶的搭配方面，一般来说，以直线条为主的花适合用瘦长的直身花瓶，大朵的花比较适合用带有鼓腹的花瓶。

3 插花的色彩组合方式

▲ 采用白色、浅粉色和橙粉色的花材搭配，类似色的色彩组合给人柔和、温馨的印象。

❶类似色：使用同色系的深浅度不同的花材进行搭配。比如白色、淡蓝色、紫色搭配，效果柔和、清新。

❷互补色：比如黄色和紫色、蓝色和橙色的组合表现的是一种非常鲜艳的华丽印象。

❸类似色调：各种浅色的同色系花材搭配会给人优雅的印象。

❹近似补色：将紫、蓝、红等类似色与相反色绿色搭配，充满个性的同时给人华丽的感觉。

插花样式速查

黄、红色渐变的彩色马蹄莲采用了柔美的曲线造型，适合装饰餐厅或卫生间。

白色主花搭配暗红色的辅花，在绿叶的衬托下显得素雅、高贵。

暗紫色的玫瑰给人高贵、神秘的印象，装点在欧式古典风格的居室会有意想不到的效果。

粉嫩清透的蝴蝶兰插花可以用来装饰素雅洁净的卫生间。

挺直型的单面观插花适宜装饰玄关和过道。粉白色的马蹄莲充满了可爱、亲近感，给人好客的印象。

插花采用四角型配色，色彩丰富，仿佛印象派油画，给人华丽、愉悦感。

饱满的小型插花色彩淡雅，适合装饰在现代风格居室的茶几或立柜上。

暗红色的大型花材搭配黄绿色的叶子，给人古典、华贵的印象。

黄色搭配紫色的绣球花花型饱满，装饰在客厅给人热情、华丽的感觉。

渲染氛围的照明灯具

灯光不仅给我们带来光明，还为居室带来不同的感觉。如今人们在家居装修时，对照明灯具的要求也越来越高，不仅要造型别致，还对光照有不同功能的要求。家居照明按照功能可以分为主灯和辅助照明灯。

PART FIVE

华丽精美的主灯

主灯承担着一个房间的主要照明功能，一般安置在房间的中央位置。主灯主要分为吊灯和吸顶灯。吊灯精美华丽，造型丰富，有单头和多头吊灯，后者尤其突出居室的奢华气魄；吸顶灯造型则简约精致，距离天花板更近，灯光温馨柔和，照明效果优于吊灯，适用范围更广。

1 不同场景选择不同的主灯

▲ 成组的银色灯罩与地毯结合，在竖向空间上明确了餐厅的主要活动空间。

客厅搭配一款精美的顶灯非常必要。层高较高的客厅宜选择精致的多头吊灯，营造大气、华丽的氛围；层高较矮则选择吸顶灯为宜。卧室适宜选择小尺寸吊灯或吸顶灯；餐厅一般与客厅处于同一空间，成组的单头吊灯能与餐桌椅组成独立的竖向空间，自然划分出不同的功能空间；卫生间和厨房则适宜简洁小巧的吸顶灯。

2 光照强度与光线角度

▲ 客厅主灯在天花板投射出柔和的光晕，增加了整个空间的温馨、舒适感。

客厅往往不需要太亮的光线，灯光营造的氛围更加重要。使用吊灯时需注意上下空间的亮度要均匀，若天花板与下方活动空间的亮度差异过大，会使客厅显得阴暗压抑，使人不舒服。层高过低的居室不宜采用华丽的多头吊灯。另外，挑选主灯时，最好选择灯罩口向上的吊灯，因为灯光经过天花板墙面反射后，光线更加柔和舒适。

3 不同风格的灯具

▲ 由模拟放射状光线的铁艺组合而成的现代风格吊灯，瞬间成为客厅空间的视线焦点。

现代风格的灯具追求简约、另类、时尚，色调上以白色、金属色为主，材质多为金属、布艺、造型独特的玻璃等。欧式古典吊灯注重流线造型和色泽上的富丽堂皇，材质多以铁艺和树脂为主；田园风吊灯一般以浅色为主，常用铁艺、布艺、树脂等材质；北欧风的灯具注重功能性和材质感，常用布艺、铁艺、玻璃等，造型简约自然。

▌主灯风格速查

粗犷的铁艺造型
搭配裸露的灯泡，
搭配工业风格的
居室再好不过。

造型简约的方形吸顶灯适合现代
风格或中式风格的居室。

奢华水晶吊灯有丰富
的灯光效果，适合欧
式古典风格的居室。

蓝绿色的渐变玻璃灯罩仿佛水滴
般清澈，适合餐厅用灯，给人清
新、洁净的印象。

黑色的金属吸顶灯简约造型中透
出大气与奢华，适合现代轻奢风
格的居室。

分子灯，也叫枝形吊灯，简约别致的
造型非常适合北欧风格的居室。

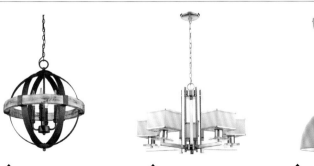

灯罩由木质与铁艺组成，内
部为烛台形吊灯，适合工业
风格和古典风格的居室。

银色金属与树脂灯罩搭配，
造型是现代风格与欧式吊灯
的结合。

中灰色的简约吊灯
是餐桌、吧台照明
的理想选择。

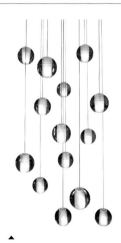

玻璃珠帘吊灯的造型精美华丽，
有极好的照明、装饰效果，特别
适合层高较高的轻奢主义客厅。

温馨柔和的辅助照明灯

家居装饰中常见的辅助照明灯有落地灯、台灯、壁灯、射灯、灯带等。辅助灯光的主要功能为局部照明和氛围装饰，只要通过精心的布置，辅助照明的优势远远大于主灯照明。现今"无主灯"的照明设计在家居中十分流行，以其更细腻、更人性化的光照特点受到广大室内设计师和业主的喜爱。

1 辅助照明灯各自的特点

▲ 散发暖光的轻奢风格台灯与卧室的暖色调墙面搭配，营造出温暖、奢华的空间氛围。

台灯和落地灯是客厅、卧室中十分常用的辅助灯具。落地灯分为上照式和直照式，通常用作局部照明，讲求移动的便捷性；台灯小巧精致，光照范围更小也更集中，便于读书、工作，有很好的装饰功能和实用性。筒灯和射灯外形相似，两者的最大区别在于，筒灯是柔和的软光源，适合氛围营造；而射灯适合局部照明，光线聚拢，有明确的指向性。灯带一般是暗藏在吊顶、墙面或地面来勾勒空间的轮廓，丰富空间层次；而灯轨随着工业风的兴起，几乎成为其标志性的灯光布置。壁灯则主要用于氛围营造。

2 不同区域如何使用辅灯

▲ 客厅使用了射灯和落地灯，丰富的灯光使空间宽敞明亮，直照式落地灯更为屋主提供了一处休闲阅读角。

客厅的吊顶或电视背景墙是灯带、射灯常常安置的位置。卧室中常用台灯、落地灯等，既可以满足梳妆、阅读、更衣等，又可以创造卧室舒适的空间氛围；对于经常起夜的人，在床头安置一个感应式小夜灯也是不错的选择。厨房的操作台由于橱柜的遮挡，主灯的帮助并不大，解决方法是在橱柜底部安装灯带，再狭小、昏暗的空间也会变得宽敞、明亮。卫生间的照明通常在顶部和台盆区。对于有浴缸的卫生间，可以选择灯带照明，烘托柔和舒适的氛围，也防止人在仰头时刺眼的顶灯灯光对眼睛直射造成的伤害。

▌辅助照明灯风格速查

▲ 简约的金属组合壁灯十分适合现代风格的过道或卫生间。

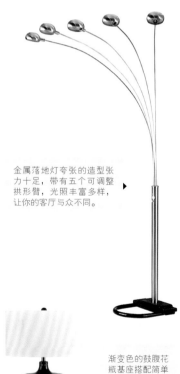

金属落地灯夸张的造型张力十足，带有五个可调整拱形臂，光照丰富多样，让你的客厅与众不同。▶

◀ 渐变色的鼓腹花瓶基座搭配简单的白色灯罩，可增强卧室宁静的氛围。

6

PART SIX

不同户型的配色思路

COLOR MATCHING

单身公寓 ≠ 局促低沉的空间感

单身公寓是很多正处于奋斗时期的年轻人的住房选择，优势地段和经济实惠是它的优点，但一室一卫的空间面积十分狭小，我们应该如何通过配色来改善这一问题呢？

PART SIX

单身公寓的配色思路

　　单身公寓又称白领公寓、青年公寓，是一种过渡型住宅产品。一套单身公寓的平均面积在25～45平方米左右，其结构上的最大特点是只有一间房间，一套厨卫，空间很小。在色彩搭配时，要防止色彩过多，尽量不超过三个，并且避免大面积地使用过于饱和的色彩，少用田园碎花、仿真印花等，这些都会使空间显得拥挤、狭小。所以，想要使小空间显大，就要尽量营造出明亮、简约的房间氛围。

图中居室主要为灰白色调，色彩纯度低、明度高，不易产生膨胀感，给人开阔、明亮的感觉。

▌单身公寓配色要点

白色或浅色墙面增加宽敞感　　透明隔断增加通透感和安全性

明度较高的色彩具有敞亮、开阔效果　　对比色调展现活泼、好客氛围

❶ 单身公寓的家具色彩尽量采用浅色调或灰色系，明度较高的色彩具有开阔、敞亮的效果。

❷ 墙面尽量采用浅色或白色，具有后退的视觉效果，使空间看起来更加开阔；而深色或纯度高的色彩具有前进的效果，会使空间更加狭小。

❸ 加入对比色调，增强色相型，使居室展现活跃、好客的氛围。要注意的是尽量不要使用全相型配色，配色张力过大会使原本就狭窄的空间显得更加拥挤、繁杂。

❹ 单身公寓面积较小，最忌讳围墙隔断，宜采用透明墙、透明推拉门、帘子或者直接开放式，效果通透，一眼望尽，增加了安全性。

精致迷你的单身公寓

0-0-0-5
247-247-248

13-28-44-0
231-196-149

5-6-6-0
246-242-239

12-14-15-0
229-220-213

53-6-12-0
123-203-229

亮白色墙面和木色地板营造出柔和、敞亮的空间。

米灰色的布艺沙发搭配同色茶几和浅暖灰地毯，给人柔和、舒适的感觉。

天蓝色的沙发靠枕和装饰画为整个居室添加了清爽、宁静的气息。

0-0-0-5
247-247-248

0-0-0-20
220-221-221

94-78-0-0
20-67-154

0-0-0-100
0-0-0

亮白色墙面与灰白色地毯、沙发搭配，营造出整洁宽敞的氛围。

深蓝色的床上用品和小摆设在灰白色调的衬托下，给人利落、果断的印象。

黑色作为暗部，丰富了居室细节，增加了层次感、稳定感。

5-19-16-0
245-219-209

22-47-72-0
211-151-81

4-9-11-0
246-236-227

10-16-24-0
236-220-197

暖粉色的墙面奠定了少女、温柔的空间氛围；棕色地板增加了温暖、稳定感。

米白色的家具提高了空间明度，给人纯洁、温柔的印象。

浅驼色的地毯减弱了棕色带来的厚重感，使居室氛围更加柔和。

狭长户型打造开放空间

好不容易买一套属于自己的房子，却在装修的过程中遇到很多因为自身房型缺陷带来的阻碍，有的采光不够好，有的户型不规则……而相对狭长的空间也是常常碰到的棘手问题。

PART SIX

狭长户型的配色思路

狭长空间是现在很多小户型常常遇到的情况。区域狭长，生活通道占用面积过多，使用起来很不方便；自然采光差，光线无法进入到屋内，容易产生阴暗憋闷的感觉。在配色时墙面和地面都选用明亮的色调，可以增加宽敞、开阔的感觉；对于自然采光差的房间，我们可以补充室内照明，选用较为明媚的色彩来装点部分墙面，如浅黄绿色、天蓝色等，从配色上为居室带来阳光明媚的效果。

图中居室的地板、墙面都选择白色，搭配米色沙发，营造出明亮、宽敞的氛围。

▌狭长户型的配色要点

使用地毯或灯光组划分空间

尽头的墙面使用前进色减弱狭长效果

两侧墙面使用后退色拉宽空间

采光差增加灯光照明

采光差采用浅色调

❶ 狭长户型的客厅、餐厅、厨房往往都同处于一个空间中，为了使空间显得井然有序，可以通过灯光组或者地毯与地板的色彩对比来划分每个空间，居室效果整洁又通透。

❷ 为了减弱空间的狭长感，尽头的墙面可以选择高纯度或者低明度的前进色，有拉近的效果；两侧的墙面可以选择高明度、低纯度的后退色，在视觉上有拉宽空间的效果，增加宽敞、开阔感。

❸ 一般的狭长户型由于开窗限制，都会存在采光差、居室环境昏暗的问题，所以配色上选择浅色调为宜，还可以增加灯光照明来改善这个问题。

打造自由的开放空间

○ 0-0-0-20
220-221-221

● 0-0-0-75
102-100-100

● 4-23-87-0
246-202-38

● 32-79-65-0
190-83-80

● 76-63-38-0
83-99-131

浅灰色和深灰色搭配，前卫干练。利用家具摆放分隔空间，效果通透。

墙上的装饰画在活跃了居室氛围的同时，彰显了居住者的审美品味。

藏蓝色的布艺沙发使居室的色调偏冷，与靠枕及整个装修格局形成呼应。

○ 13-28-44-0
226-191-147

● 11-64-68-0
221-120-77

● 0-0-0-50
150-160-160

● 0-0-0-100
0-0-0

表面柔和的木地板搭配砖墙，营造出自然、粗犷的氛围；电视下的柴木堆更是增添了原野气息。

中灰色的简约布艺沙发增加了现代感，使暖色调的房间不显得闷热。

黑色的加入使空间层次感更强，增加了工业氛围，也起到融合统一的作用。

● 4-9-11-0
246-236-227

● 22-47-72-0
211-151-81

○ 14-18-31-0
227-212-181

● 52-81-100-27
122-59-18

米白色墙面和棕色木地板搭配，营造出稳重、传统的氛围；米白色的电视墙作为空间的隔断，既划分了功能又保持了通透性。

浅茶色的 L 形简约布艺沙发给人朴实、平和的感觉；深棕色的木质茶几和电视柜更添平稳、厚重的氛围。

别墅，可让你独享的空间盛宴

在别墅装修设计中，室内的颜色搭配是很重要的，如果颜色搭配得不好，就会对别墅的整体形象造成严重的影响，那么，别墅颜色搭配怎么做？

PART SIX

别墅的配色思路

别墅是人类居住的终极理想与最高形式，除"居住"这个住宅的基本功能以外，更主要体现生活品质。别墅户型在面积上有着显著的优势，空间宽敞、开阔，在配色方面有很大的发挥空间，可以尝试低明度或高纯度的色彩来展现独特的一面，而这些色彩在小户型中是很难大面积挥洒的；同时也要防止空间过于空旷、寂寥，可以使用具有膨胀、温暖特性的暖色调，并且减少使用冷色的面积。

图中居室的自然采光好，并且空间开阔、面积较大，沙发选择不常用的深紫色点缀绿色靠枕，仿佛将室外的绿意带入了室内，明媚、优雅。

▌别墅配色要点

房间面积大适用丰富、强烈的色彩　　　增加图案或肌理，居室效果更精致

确定主色调，整体和谐统一　　　配色活泼，表现热情、好客的特点　　　加入临近色，空间丰厚、饱满

❶ 别墅配色要注意整体和谐统一，可以先确定一个主色调，再从这个色调展开搭配。

❷ 别墅的空间大，色彩的运用可以大胆一些；可以适当增强色相型或加入邻近色，使空间显得丰厚、饱满。增加肌理和图案也可以增强居室的细节感，使别墅更加精致。

❸ 丰富、强烈、深重的色彩具有膨胀的效果，适用于面积较大的房间；明亮、浅淡的色彩具有后退感，适用于面积较小的房间。

❹ 不同的空间有着不同的使用功能，色彩的搭配也要随着功能的差异而做相应变化。比如客厅色彩活泼，给人热情、好客的印象；餐厅主要用暖色，可以增进食欲。

享受生活的第一居室

- 100-0-20-30　0-129-162
- 83-77-67-44　45-48-55
- 22-47-72-0　206-148-81
- 0-0-0-10　239-239-239

灰白色的墙面和棕色地板营造出温馨舒适的空间氛围。别墅较高的层高给人开阔、大气的感觉。

皮革黑增加了居室的现代感，并且给人收缩的感觉，使空间有紧有松。

孔雀蓝与棕色力对比色，增强了居室的色相型，给人愉悦、舒畅的感受。

- 0-0-0-10　239-239-239
- 13-28-44-0　226-191-147
- 0-0-0-100　0-0-0

灰白色的墙面搭配原木色的地板和桌椅，房间氛围自然、温和，给人舒适、安然的感觉；居室中色彩数量较少，呈现出的效果简约大气。

小面积的黑色装饰力居室增加了冷硬、现代的气息，也使得别墅内部的层次感更强，色彩结构更稳定。

年轻人的宠儿，
双层复式LOFT结构

个性、前卫的厂房、阁楼设计，如今深受年轻人的青睐。其实自从上世纪 90 年代开始，LOFT 在很多国家都开始成为一种艺术时尚，经久不衰……

PART SIX

LOFT 的配色思路

　　LOFT 的字面含义为"在屋顶之下、存放东西的阁楼"。这种当下流行的户型虽然空间开放，具备流动性和艺术性等优点，但也存在上层低矮、下层所处空间较暗等缺点。在配色时要切记上层色彩要少而干净，并且由于上层通常为休息区，用浅暖色调进行表现，有助于睡眠；采光较好的空间可以适当使用深色或纯度较高的色彩，采光差的房间可以增加室内照明来改善昏暗的氛围。

图中 LOFT 的上层空间采光比下层空间差，并且上层为休息区，所以窗帘、墙面都选择高明度的灰白色，营造出柔和、明亮的空间氛围。

▌LOFT 配色要点

采光较差的小空间，使用浅色墙面　　　　低矮空间，使用竖条纹

楼梯颜色，与墙面区别开　　　采光好的空间，墙面适当使用深色

❶ 层高较低的 LOFT 使用竖条纹壁纸，在视觉上可以形成一种拉伸、延长的效果。

❷ 大多数 LOFT 的二层空间采光较差，这种情况下墙面选择干净的浅色，可以提高整个房间亮度；单层的空间层高很高，并且通常会设置高大的落地窗，采光较好，墙面可以适当使用深色和图案壁纸。

❸ 对于 LOFT 来说，连接两层空间的楼梯也是一大亮点。楼梯的颜色不能与墙面太接近，色彩要对比鲜明，突显 LOFT 的艺术特征。

❹ LOFT 更适合利落、充满个性的风格。如果使用充满厚重感的欧式风格，LOFT 的狭小户型则会显得更加拥挤。

复古工业风的 LOFT

● 0-0-0-100　　◢ 19-17-18-0　　◗ 13-28-44-0
　0-0-0　　　　214-209-204　　226-191-147

木质的餐桌和二层楼板为饮食区营造出纯净、自然的印象。

灰色的加入使空间不过于沉闷，也体现出工业风的金属元素。

黑色的皮质沙发与裸露的管道突显了复古工业风，同时也增加了配色的稳定感。

　3-6-15-0　　　◗ 22-47-72-0　　● 52-81-100-27
　249-241-223　　206-148-81　　122-59-18

● 0-0-0-100
　0-0-0

斑驳的石灰白墙面与棕色的木地板搭配，渲染出朴素、怀旧的氛围。

棕红色的茶几、储物柜和皮质沙发为居室氛围增添了几分厚重。

黑色的铁艺灯具增添了居室的工业气息，给人果决、严谨的印象。

时尚现代的 LOFT

0-0-0-5　　　13-28-44-0　　　58-69-96-25
247-247-248　226-191-147　112-78-39

0-0-0-100
0-0-0

亮白色的墙面搭配深棕色木地板，
营造出稳定、柔和的氛围。

原木色搭配白色的橱柜，展现出明亮、
整洁的效果，配上透明的凳子，给人
平和、简约的印象。

黑色的楼梯与白色的墙面形成对比，
突显了旋转楼梯独特的造型。

12-14-15-0　　71-75-32-0　　0-23-87-0
229-220-213　92-108-140　252-205-34

49-34-42-0
146-156-145

浅暖灰色的地板和鸽蓝色的墙
面、窗帘营造出柔和、静谧的
空间氛围。

黄色的茶几、座椅为整个居室增
加了活跃、欢快的感受。

装饰绿植，为朴素、陈旧的居室环境增加了
一丝生命力，给人宁静、美好的感觉。

PART SEVEN

不同房间的配色思路

如何让你的客厅赏心悦目

客厅是我们日常生活中使用最频繁的房间，也是从大门进入后的第一个开敞空间。客厅的色彩印象往往是客人对居住者的家的第一印象……

PART SEVEN

客厅的配色思路

客厅是户型的中枢，相当于人体的躯干，是生活的重心所在，一般都占据着重要的采光和观景面。客厅的主要功能是会客，所以首先要考虑的是，如何运用普遍能接纳的色彩进行配色。因此房屋主人要排除一些自己主观的见解，去思考自己的交际圈普遍的色彩观念，比如个性不鲜明的中性色，如灰色、米色等就是很好的选择，再通过工艺品、挂画等装饰，来展现屋主的审美品位和生活情趣。

图中客厅的层高较高、面积较大，采用黑色的墙面减少空间的空旷感，空间整体采用中性色调，营造出奢华、低调的氛围。

▌客厅配色要点

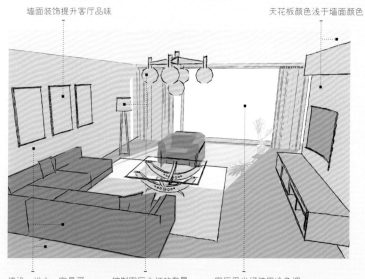

墙面装饰提升客厅品味

天花板颜色浅于墙面颜色

墙浅、地中、家具深　　控制客厅内灯的数量　　客厅采光好使用冷色调

❶ 如果客厅朝南，光照时间长，整体色彩宜选择灰色调或冷色调；客厅朝北，空间比较灰暗，应选择明亮色调或暖色调。

❷ 天花板的颜色必须浅于墙面或与墙面同色。在没有设计师指导的情况下，可遵循"墙浅、地中、家具深"的配色规律。

❸ 如果确定好了墙面颜色，可以添加一些框架镜子、挂画或铁艺墙壁装饰，丰富客厅细节，提升品味。

❹ 客厅内一般一个顶灯和一个落地灯就可以满足使用所需了，以简洁为好。灯光对氛围营造影响很大，布置不好会适得其反。

极具时尚感的客厅

0-0-0-20
220-221-221

81-72-68-38
50-58-60

100-0-20-30
0-129-162

18-95-55-0
203-38-80

斑驳的浅灰色墙面和地毯搭配
魔力黑的屏风，前卫又复古。

孔雀蓝的布艺沙发造型简约，
精致的白边搭配孔雀蓝，给人
高贵、精致的印象。

装饰花艺的紫红色与沙发色彩形成对比，
增加了居室的生动感和时尚感。

0-0-0-10
239-239-239

0-0-0-100
0-0-0

22-47-72-0
205-148-80

24-11-6-0
201-216-230

30-0-70-0
194-218-105

黑白墙面在明度和肌理上都有
着强烈对比，别具一格。

棕色的木地板为居室增加了温暖、柔
和的氛围。

柔和蓝和草绿色的点缀提升了客厅的
轻盈感，减弱了黑色、棕色带来的厚
重感，对比强烈，充满张力。

14-13-65-0
235-219-108

10-4-50-0
244-240-153

33-11-7-0
183-212-233

27-85-69-0
201-70-71

中黄色的墙面给人愉悦感，与金
属装饰画搭配，充满精致感。

淡柠檬色的沙发与墙面和谐，较高的
明度使空间不过于油腻。

古典红与海蓝色的沙发椅造型古典优
雅，独特的花纹与纹理增加了空间的
细腻感与奢华感。

充满愉悦感、好客的客厅

0-0-0-5
247-247-248

13-28-44-0
226-193-147

0-0-0-100
0-0-0

3-20-57-0
255-216-124

63-7-34-2
89-180-176

1-29-11-0
251-204-209

亮白色墙面和原木地板营造出柔和、温暖的氛围。

黑色的背景墙衬托出浅色沙发，与沙发前的黑白地毯相呼应。

粉色、松石绿和淡黄色的点缀分布于居室各个地方，烘托出欢快、轻盈的氛围。

18-54-94-0
219-139-26

21-27-63-0
216-189-110

12-11-16-0
230-226-215

72-72-81-45
65-55-43

0-0-0-0
255-255-255

深灰色的地板与白色顶面在明度上形成对比，提升了层高；整个房间处于开放的空间，电视背景墙和沙发背后的柜子采用深灰色，增强空间围合感，运用色彩对房间功能做出区分。

橙色的沙发与其他陈设的橙色条纹相呼应，使房间色彩呈现暖色调，与无彩色对比，充满张力。

18-8-12-0
218-227-226

59-32-57-0
123-154-123

58-68-94-24
112-80-42

52-42-34-0
141-142-151

7-12-76-0
253-228-74

绿色植物图案的壁纸给整个客厅带来焕然一新的感觉，充满了自然生态的气息。

色彩较深的木地板使空间色彩结构更稳定，同时增加了自然的气息。

低调的中灰色沙发衬托出明黄色的锐利，为整个居室带来一抹亮丽的阳光。

卧室配色不能单调

卧室是家人休息的地方，卧室颜色的选择能够直接影响到自己和家人的睡眠质量，还会影响到整个居室的装修效果。
如何搭配卧室颜色才能够保障自己以及家人的睡眠质量？

PART SEVEN

卧室的配色思路

卧室是我们休息与睡眠的主要场所。首先，卧室的配色不能太亮太艳，这样的色彩容易使人兴奋、紧张，会降低睡眠质量；其次，卧室还要考虑到使用者的属性，比如儿童房的色彩应该活泼，老人房的色彩则要传统、稳定，女性卧室色彩应该柔美、优雅，而男性卧室要厚重、冷峻……使用者的年龄和性别都会形成不同的配色需求。

图中卧室以自然力主题，绿植和绿色的床罩在明亮、开阔的氛围下给人清新舒适的感受，棕色系的藤编和木桩使空间柔和、温暖。

▌卧室配色要点

明浊色调给人安静、舒适感　　　　　小面积色彩表现使用者属性

冷暖色调调节冷暖感受　　　　　高明度单色增加空间宽敞感

❶ 卧室的色彩对比不宜过强，整体色彩以明浊色调为主。明度较高、纯度较低的色彩给人安静、柔和的感受，不会阴暗沉闷，有助于提高睡眠质量。

❷ 通过小面积的色彩表现使用者的属性。比如儿童房可以装饰鲜艳多彩的玩具或床上用品，增加活跃感，但色调依旧保持在舒适、适宜睡眠的柔和色调。

❸ 处在气候寒冷地区或背阴的卧室适宜偏暖色调，反之则适宜偏冷色调。通过色彩来调节卧室的冷暖感受，增加舒适感。

❹ 小户型的卧室建议使用明度较高的单色，显得空间宽敞；大户型的卧室可以选择明度较低的色彩，使灯光下的氛围更柔和。

小清新卧室

0-0-0-5 247-247-248	13-28-44-0 226-193-147	0-23-87-0 252-204-34
6-26-12-0 241-206-209		

亮白色墙面搭配原木地板与同色地毯，营造出舒适、柔和的氛围。

月亮黄以装饰画的形式为空间注入了温暖、愉悦的气氛，使整个空间呈现明快的暖色调。

珊瑚粉的被子和靠枕为整个空间增加了专属女性的柔美气质。

0-0-0-5 247-248-248	13-28-44-0 226-193-147	0-0-0-20 220-221-221
22-47-72-0 206-148-81		

亮白色墙面搭配原木地板，营造出稳定、柔和的空间氛围。

浅灰色的床上用品给人柔和、舒适的感觉，减弱暖色带来的闷热感；绿植也为空间带来自然、清新的氛围。

棕色的原木边桌造型质朴，增加了房间的稳定感，给人舒适、安心的感受。

0-0-0-5 247-247-248	13-28-44-0 226-193-147	0-0-0-100 0-0-0
6-26-12-0 241-206-209		

亮白色墙面搭配原木地板，营造出干净、柔和的氛围。

黑色铁制床架、边桌、书架等使整个空间充满了工业气息，黑色与亮白色形成鲜明对比，给人干净、利落的印象。

珊瑚粉布艺和装饰画柔化了黑白色带来的冰冷感，呈现出独特的空间效果。

充满厚重感的卧室

22-47-72-0
206-148-81

12-14-15-0
229-220-213

18-30-56-0
216-183-122

14-64-97-0
226-120-10

0-0-0-100
0-0-0

粗犷的棕色木质墙面、天花板与浅暖灰地毯营造出古朴的氛围。

浅褐色和金棕色的床上用品为卧室增添古朴气息，整个空间给人暖洋洋的感受，特别适合严寒地区的卧室配色。

床头黑色装饰增加了空间厚重感，减弱了烦闷、枯燥的感受。

0-0-0-5
247-247-248

0-0-0-50
159-160-160

13-28-44-0
226-193-147

11-64-68-0
231-123-78

0-0-0-100
0-0-0

斑驳的水泥墙与砖墙奠定了卧室的粗犷的工业风格。

原木地板减弱了水泥墙面带来的冰冷感，增加了温暖、舒适的感受。

砖红色冲破了水泥墙的厚重感和冰冷感，与同色的床品搭配，使卧室睡眠和休息的气氛更浓郁一些。

0-15-60-0
254-221-120

12-14-15-0
229-220-213

14-64-97-0
226-120-10

92-77-6-0
31-70-150

茉莉黄具有温暖、柔和、治愈人心的作用，与浅暖灰地面搭配，营造出放松心情、缓解压力的空间效果。

金棕色的古典木质家具增加了空间的稳定感，给人复古、华丽的感觉，搭配卡布里蓝，具有镇静、平和的作用。

享受清新畅快的卫浴体验

在现代人越来越重视居家质量的趋势之下，卫浴空间不只是洗浴的解读，必须具有放松心情、沉淀心灵的作用，甚至是让自己更健康的一处空间。

卫浴的配色思路

在配色上，卫生间的色彩应展现清爽利落的效果。浅冷色调是卫生间常用色彩，给人洁净感的同时，也使小面积的空间显得宽敞。卫生间也可以使用清晰单纯的暖色调，搭配简单图案的地砖。由于卫浴洁具多数为白色，材质为瓷制品，会有冷硬感，使用柔和暖色灯光可以使白色洁具在光照下呈现出偏暖的白色，也使得空间视野更开阔，暖意倍增，而且愈加清雅洁净，怡心爽神。

图中卫生间采用暖色调的配色，整体色彩明亮、饱和，给人积极愉悦的感觉；大面积的白色墙砖营造出洁净、清爽的氛围。

▌卫浴配色要点

浅色调使空间更宽敞　　　　　　冷质材料营造洁净的卫浴环境

小面积色彩活泼鲜明　　　洁具使用白色或浅色　　　使用不同色彩进行干湿分区

❶ 浅色调墙砖、地砖使小面积的卫生间显得宽敞。如果空间面积较大，可以使用深色墙砖，但需搭配浅色的腰线，这样不会过于沉闷，洁具也必须是浅色的，给人尊贵大气的感觉。

❷ 通过地砖或墙面色彩的不同来对卫浴进行干湿分区，吊顶则以清爽的浅色为主，增加空间的整洁感，显得井井有条。

❸ 洗漱用具或毛巾等小面积色彩可以鲜明活泼一些，带给人愉悦、轻松的感受。

❹ 卫生间的墙砖、地砖等适宜光亮的冷质材料，如瓷砖、玻璃等。光面瓷砖有较强的反光，营造清爽感；亚面瓷砖的效果则更加舒适、温暖。

● 0-57-90-0   19-9-58-0   0-0-0-5
241-138-30   223-223-131   247-248-248

整个卫浴采用十分大胆的色彩搭
配，甜橙色与浅黄绿色间隔分布，
增加节奏感的同时，进行了干湿
分区。并且，甜橙色具有活跃属
性，而浅黄绿色具有清爽感，两
色搭配，让每个清晨都变得活力
满满。

亮白色的洁具与毛巾力整个空间
增加了通透感，对比强烈，给人
洁净、爽朗的感受。

0-0-0-5   11-64-68-0   4-23-87-0
247-247-248   231-123-78   255-209-23

● 14-64-97-0
226-120-10

亮白色瓷砖搭配海蓝色的马赛
克墙砖，给人干净、清爽的感觉。

月亮黄的加入力空间带来一丝活
力，与蓝色搭配有放松的效果。

金棕色的地毯为空间增加了稳定感，作为月
亮黄的邻近色，使空间层次丰富。

洁净素雅的卫浴

0-0-0-5
247-247-248

28-31-37-0
196-179-158

29-18-11-0
191-200-213

卫浴采光良好，亮白色的墙面和浴缸使空间更加洁净、明亮。

暖灰色的木纹地板和立柜增加了温暖、舒适的感受。

蓝灰色的纹理墙面增加了宁静的房间效果，使人心情放松、压力缓解。

12-14-15-0
229-220-213

28-31-37-0
196-179-158

58-69-96-25
112-78-39

0-0-0-5
247-247-248

浅暖灰和暖灰色的亚光釉面砖营造出素雅、温暖的氛围，并且突显了卫浴的干湿分区。

栗色的浴缸外壳增加了稳定感，并且增强了温暖的感受。

亮白色的洁具增加了空间的通透感，与灯光和采光相呼应，空间明媚、宽敞。

78-73-24-0
82-83-142

0-0-0-5
247-247-248

24-11-5-0
203-218-233

星空蓝的光面瓷砖为整个空间带来了神秘、静谧的氛围。

亮白色的洁具与墙面色彩对比鲜明，给人干净、利落的感受。

柔和蓝的窗帘将燥热的阳光过滤，在空间中投下明亮、清爽的光线。

打造你梦想中的厨房

饮食源自厨房，健康也来自厨房。厨房是人类健康生活的基地，是生活不可或缺的一部分。轻松而舒适的厨房环境可以使我们心情愉悦，做出更加美味可口的食物。

PART SEVEN

厨房的配色思路

　　要构造一个好的厨房环境不仅要有好的空间格局，更要有好的装修元素，而厨房的色彩搭配是其中重要的元素之一。厨房环境若有良好的色彩搭配，能增加居住者烹饪的情趣，提升生活品质。厨房配色以暖色系为最佳，与冷色系相比，暖色更能带给人积极、乐观的情绪，投射到食物上也会给人健康的印象。厨房墙面、地面、橱柜色彩上尽量不要对比太强，以免使人紧张，而柔和的配色则给人舒适、惬意的感受，让人沉浸在烹饪美食的过程中。

白色的简约橱柜以淡紫色墙面为背景，在暖光下呈现出干净、舒适的效果，同时暖光与白色的操作台也使食物更加美观。

▌厨房配色要点

暖色系搭配高纯度色彩突显健康美味

厨房色调与室内整体环境相和谐　　　墙面明度适中效果柔和

❶ 厨房色调与室内整体环境的色调应相和谐。如果整体环境比较明亮，那么在厨房颜色的选择上也要明亮些，如果整体环境都是深色系的，那么厨房颜色则适合以明度适中的中性色为主，这样色差感不会太强烈，并且整体上会更美观，还会给人温和舒适的感觉。

❷ 厨房配色以简为宜，色彩数量尽量不超过三种。浅暖色系墙面搭配高纯度色彩的橱柜，给人健康、美味的感觉，增加烹饪情趣。冷色调墙面可以搭配白色橱柜，突显干净、整洁的氛围。

❸ 墙面的色彩明度则以适中明度为宜，过高或过低，都会与厨房的用具产生强烈对比，视觉感受容易紧张而不舒服。

田园风格的厨房

0-0-0-5
247-247-248

28-31-37-0
196-179-158

22-47-72-0
206-148-81

0-0-0-20
220-221-221

亮白色与暖灰色的仿古地砖搭配，营造出素雅、稳定的氛围。

厨房面积较大，棕色木质的橱柜使空间丰满的同时，给人质朴、温暖、亲近自然的感觉。

浅灰色的石制台面丰富了厨房细节，突出厨房的主要操作位置。

0-0-0-10
239-239-239

22-47-72-0
206-148-81

58-69-96-25
112-78-39

4-9-11-0
246-236-227

灰白色欧式橱柜搭配棕色木地板，营造出温和的田园风情。

栗色的餐桌突显出厨房中心，增加了空间稳定感；同色的碎花地毯和窗帘，烘托出恬静的田园风格。

米白色的斜格砖墙为整个居室撒上淡淡的黄色，亲和力倍增。

0-0-0-10
239-239-239

0-0-0-75
102-100-100

5-29-50-0
247-199-137

42-6-27-0
162-210-200

灰白色墙面与深灰色地砖营造出清爽、干净的厨房环境。

暖木色的橱柜提亮了整个空间，使厨房呈现出明快、轻松、温馨的色彩氛围，极大地提升了烹饪情趣。

浅松石色的背景墙砖与木色搭配，具有治愈人心、缓解压力的作用。

现代简约风格的厨房

0-0-0-5
247-247-248

28-31-37-0
196-179-158

14-18-31-0
227-212-181

0-0-0-100
0-0-0

橱柜采用亮白色与暖灰色搭配，光亮材质与雾面材质碰撞出别具一格的效果。

浅驼色的烟道透过金属材质展现出香槟般的色泽，低调奢华。

黑色的装饰画框增加了冷峻、利落的氛围，突显现代简约的风格。

4-9-11-0
246-236-227

25-6-83-0
205-213-67

0-0-0-75
102-100-100

13-28-44-0
226-193-147

厨房采光较好，米白色与黄绿色搭配的墙面在阳光下青翠欲滴，给人温暖又清新的感觉。

深灰色的橱柜造型简约，与不锈钢色泽搭配，给人干练、利落的感觉。

木色的边桌增加了厨房的亲和感，与绿色搭配出生态健康的感觉。

0-0-0-5
247-247-248

12-14-15-0
229-220-213

0-0-0-100
0-0-0

13-28-44-0
226-193-147

厨房采光良好，亮白色墙面搭配浅暖灰的地板，给人干净、素雅的印象。

光亮的黑色瓷砖与白色边线对比强烈，棱角分明，充满现代感。

原木色的餐桌柔化了黑色的冷峻感，给人舒适、惬意的感受。

让餐厅也留住你的胃!

餐厅的色彩搭配会影响到居住者的用餐心情,也会对食物的品相造成很大影响。因此,拥有一个赏心悦目的就餐环境能够极大地提升我们的生活品质。那么应该如何搭配色彩,让餐厅也留住你的胃呢?

PART SEVEN

餐厅的配色思路

餐厅是用餐的地方,通常使用明度高且较为活泼的暖色,能增进食欲,也可使用偏暖调的中性色,给人干净、清洁的印象,也最容易被人接受,因此暖色系配色是很好的方案。同时餐厅也要配上一套坐起来舒适、色彩又鲜明素雅的餐桌,才称得上完整。餐桌的色彩可以选择原木色或高明度色彩,可以更好地衬托食物,也适合现代人的生活习惯。冷色不适合大面积用在餐厅配色上,特别是蓝色,会让食物蒙上不健康的色彩,所以冷色系要慎用。

图中餐厅使用了大面积暗红色,与棕红色的古典木质家具搭配,营造出热情、古典的氛围;经典的红白配也表现出高贵、大气的感觉。

▌餐厅配色要点

以明朗轻快的色调为主　　采用暖色调灯光增加美食吸引力　　天花板颜色浅于墙面颜色

以明朗轻快的色调为主　　橙色系增进食欲

❶ 大多数情况下,餐厅与客厅处于同一空间,所以餐厅的配色要与客厅相协调;当餐厅为独立空间时,色彩选择就很多了,以暖色调为宜。

❷ 餐厅色彩宜以明朗轻快的色调为主,最适合的是橙色以及相同色调的近似色,它们不仅能给人以温馨感,而且能增进食欲。

❸ 天花板的色彩应该浅于地面色彩,稳定的空间氛围不会给人压迫感,让人可以安心享用美食。

❹ 餐厅宜采用低色温的LED灯,这种灯是漫射光,不刺眼,光感自然,较亲切柔和;而色温高的灯光偏冷色,会降低食物的美观性和吸引力,应尽量避免使用,以免造成不健康的印象。

增进食欲的餐厅

0-0-0-5
247-247-248

74-87-44-7
95-58-101

4-32-87-0
253-192-30

0-15-60-0
254-221-120

亮白色与暗紫色搭配，表现出高贵、典雅的效果。

橙黄色的光面木质餐桌使整个餐厅仿佛沐浴在阳光下，充满生机。

茉莉黄色的坐凳与暗紫色互补，对比强烈，效果生动，暖色调的氛围下使人食欲大增。

14-18-31-0
227-212-181

0-0-0-5
247-247-248

14-64-97-0
226-120-10

13-28-44-0
226-193-147

浅茶色的砖墙、木地板与亮白色百叶窗搭配，营造出低调奢华的氛围。

金棕色的地毯和椅子点燃了整个空间氛围，充满吸引力。

木色的餐桌平和了金棕色带来的燥热感，氛围稳定、愉悦、充满亲切感。

精致典雅的餐厅

○ 0-0-10-20　　　○ 28-31-37-0　　　● 58-69-96-25
221-220-207　　　196-179-158　　　112-78-39

○ 24-11-5-0
203-218-233

银桦色的墙面搭配暖灰色的
大理石地板，呈现典雅、华
贵的氛围。

栗色的原木餐桌充满了厚重、古典的
气息，整个餐厅表达出欧式古典风格，
精致浪漫。

柔和蓝的桌旗与餐垫增加了精致感，
蓝色系与棕色系搭配有镇静作用。

○ 0-0-0-5　　　　○ 14-18-31-0　　　● 0-0-0-100
247-247-248　　　227-212-181　　　0-0-0

● 11-83-36-0
230-75-115

亮白色墙面搭配浅茶色大理石
地面，营造出大气、柔和、稳
定的餐厅氛围。

黑色具有庄严、厚重感，增加
了高级、神秘的氛围，提升了
整个餐厅的格调。

精致的宝石红色绣花桌旗丰富了餐厅的色
彩和细节，充满高贵、典雅的气氛。

家庭工作间 小角落藏大世界

家庭工作间能体现出一个人的个性与品位。拥有一间简约、舒适、温馨的家庭工作间，工作时可全身心投入，提高工作效率，劳累时可以倚在藤椅上听听音乐、看看小说，十分惬意。

PART SEVEN

工作间的配色思路

如今越来越多的人选择在家工作，所以设置一个简约、温馨的家庭工作间很有必要，它可以让我们在舒适的环境下享受高效的工作。当打造专属自己的家庭工作间时，色彩营造的环境氛围应该是舒适、宁静但不过于放松的，可以尝试使用蓝色系或棕色系为主色调，这两种色系都有很好的调节情绪的功能；一些色彩丰富的装饰摆件或充满生机的绿色盆栽也能减少工作时产生的枯燥感，放松我们的身心，以最好的状态面对工作。

图中的家庭工作间主要以深灰色与棕色搭配，营造出柔和、平静的空间氛围；加入绿色和白色，空间充满了清新、自然的通透感。

▌工作间配色要点

采光不佳蓝色慎用

绿植和小饰品缓解压力

点缀高亮度暖色振奋意志

蓝色或棕色为主色调调节情绪

绿色缓解视觉疲劳

❶ 家庭工作间可以使用蓝色系或棕色系为主色调，蓝色可增强工作者的思考及决断能力，提高创造力，而浅棕色不仅可以安抚情绪，还透出淡淡的奢华感。

❷ 房间采光不好的条件下，不建议大面积使用蓝色，会给人阴冷、忧郁的感觉。

❸ 适当点缀高亮度的暖色可以振奋精神，给人充满活力的感觉。

❹ 也可以用清新的绿色作为墙面主打色，因为绿色能缓解视觉疲劳。

❺ 放置绿植或小饰品，净化空气，缓解压力，增加情趣。

轻松舒适的工作间

● 81-72-68-38　　　● 0-0-0-5　　　　◐ 13-28-44-0
51-58-60　　　　　247-248-248　　　226-193-147

◐ 22-47-72-0　　　◐ 0-15-60-0
206-148-81　　　　254-221-120

亮白色墙面搭配原木地板，效果柔和、明亮，再加入魔力黑的背景墙和黑白配的地毯，整个工作间呈现出爽朗、舒适的北欧风格。

棕色的木桌和书柜增加了空间的舒适感和质朴感，柔和的色调让人心情舒畅、压力缓解。

点缀一抹明亮的茉莉黄，振奋精神的同时可以使心情愉悦。

● 0-0-0-5　　　　◐ 12-14-15-0　　　● 0-0-0-100
247-248-248　　　229-220-213　　　34-24-21

◐ 13-28-44-0　　　◐ 42-6-27-0
226-193-147　　　162-210-200

工作间采光良好，亮白色墙面搭配浅暖灰地面使整个空间明亮、开阔。

在亮白色的衬托下，黑色突显出家具的线条造型，给人果断、干练的印象。

浅松石色搭配原木色，烘托出宁静、舒适的氛围，具有安抚情绪的作用；放置几盆绿植，净化空气的同时给人生机勃勃的印象。

8

PART EIGHT

搭出家的
一万种可能

让你怦然心动的家居印象氛围

同一色相经过属性上的变化就可以得到无数种不同的色彩，这些色彩相互搭配又可以得到无数种不同的风格印象，
你的家是哪种色彩印象呢？

PART EIGHT

让你活力满满的家居色彩印象

配色思路

▌活力初夏

初夏充满了清新与活力。客厅中橙黄色的墙面好似夏日骄阳，阳光下花草树木都闪烁着各自的光彩。

橙黄色墙面和浅褐色地板奠定了房间暖色的基调，让这个凉夏多了几分惬意与活力。

米灰色的地毯和桌椅缓和了橙黄色的燥热，给人舒适的视觉感受。

潜水蓝的吊灯和碗筷为整个居室带来一丝夏日的冰凉，给人清爽、畅快的感觉。

潜水蓝

米灰色

橙黄色   浅褐色

● 4-32-87-0
253-192-30

● 18-30-56-0
216-183-122

● 5-6-6-0
246-242-239

● 72-0-9-0
0-183-224

▌香橙诱惑

房间整体色彩以橙色为基调，且橙色的纯度较高，搭配纯度较低的暖灰色沙发、地毯，对比鲜明，像香橙散发出的香味一样，让人愉快、充满活力。

港水蓝

惊红色

甜橙色　暖灰色

● 0-57-90-0
252-141-12

● 28-31-37-0
196-179-158

● 52-81-100-27
122-59-18

● 72-0-9-0
0-183-224

甜橙色具有开朗的心理性质，墙面大面积地运用橙色，营造出热情开朗的氛围。

暖灰色的沙发和地毯消除了部分橙色带来的燥热感。

沙发靠枕的色彩和花纹增加了房间的细节感，其中蓝色条纹与橙色对比强烈，增加了愉悦感，使氛围不沉闷。

配色禁忌

冷色过多或只使用暖色

想要营造充满活力的氛围，橙色系是必不可少的。当我们大面积使用橙色时，可以适当加入一些冷色系或中性色。

加入冷色可以增加配色张力，但冷色使用过多时，则会失去活力和休闲的氛围。

只使用暖色易给人燥热、烦闷的感觉。

配色思路

女性钟爱的梦幻优雅氛围

5-8-7-0
244-238-236

紫褐色

● 71-57-32-0
94-111-144

珊瑚粉

● 6-26-12-0
241-206-209

香槟粉　　鸽蓝色

● 41-60-40-0
170-118-128

▌冬日梦境

在瑞雪初晴的香槟粉衬托下，刚中带柔的鸽蓝色遇上唯美内敛的珊瑚粉，上演了一场水泥丛林中的冬日梦境。

香槟粉的地板为整个空间带来一丝轻盈，如同窗边的薄纱般细腻轻柔。

墙面的鸽蓝色具备强烈的都市气质，营造出高级、典雅的氛围。

珊瑚粉和紫褐色的床上用品是卧室的焦点，具备女性特征的粉色系柔化了整个居室氛围，营造出梦幻优雅的冬日梦境。

配色思路

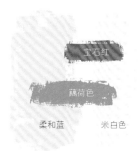

▎玉兰之夜

宝石红色彩的玉兰花在晚风中摇曳着俏丽的身姿，奔放又不失大度，雍荣华贵又不失端庄大方。暗香浮动，十里芬芳，吸引着行人驻足欣赏。

柔和蓝的墙面为卧室添加了一份忧郁的柔情，搭配米白色地毯，给人舒适的感觉。

床上用品以藕荷色为主，营造出梦幻典雅的氛围。

绽放红宝石般光芒的玉兰花墙绘是卧室的点睛之笔，描绘出一幅浪漫的画卷，为卧室增添了优雅的氛围。

宝石红

藕荷色

柔和蓝　　　米白色

- 24-11-6-0
  203-218-233
- 4-9-11-0
  246-236-227
- ● 30-57-25-0
  194-132-155
- ● 11-83-36-0
  230-75-115

配色禁忌

色彩过于鲜艳

想要表现优雅、梦幻的氛围，切忌使用过于鲜艳的色彩。色彩过于鲜艳则会给人兴奋、刺激感，失去了朦胧的美感。

缺少粉色或紫色，没有梦幻感，并且过多的蓝色显得冷硬、理性。

若色彩过于艳丽，则会失去高档的感觉，变得浓艳、俗气。

轻松健康的减压配色

配色思路

▌沙洲甘泉

房间整体为北欧风格，餐厅的蓝墙与连续排列的六边形木质装饰增加了整个居室氛围的张力，如同沙漠中的一滩碧绿湖水，让人惊喜不已。

棕色

灰白色　蔚蓝色

木色

0-0-0-10
239-239-239

80-43-3-0
30-131-203

13-28-44-0
226-193-147

22-47-72-0
206-148-81

灰白色的大环境奠定了简约、柔和的基调，给人明亮开阔的感觉。

餐厅蔚蓝色的背景墙与棕色的墙面几何装饰搭配，增加了空间的愉悦感。

北欧风格的木色家具在灰白色的背景衬托下，展现出自然、纯净的效果。

▌海上鱼跃

卧室使用了大面积的蓝色，让人联想到一望无际的蔚蓝大海，而点缀的活力橙如同跃出海面的鱼儿，与浪花奏出一曲海上交响曲。

墙面使用了明媚的天蓝色，与白色搭配让人联想到奔跑的浪花。

浅驼色的床上用品搭配浅蓝色的被套，舒适的配色可以提高睡眠质量。

卡布里蓝和活力橙在卧室中起点缀作用，作为重色使空间充满层次感；且两色为互补色，使房间充满愉悦感。

活力橙

卡布里蓝

天蓝色　　　　浅驼色

- 53-6-12-0
  123-203-229
- 10-16-24-0
  236-220-197
- 92-77-6-0
  122-59-18
- 2-81-98-0
  244-81-2

配色禁忌

色调单一，效果枯燥

居室中出现多种色调，使房间充满了韵律感和新鲜感，而色调单一则会使氛围枯燥，很难营造减压氛围。

整体配色色调单一，并且淡弱的色调效果平庸，缺少新鲜感，给人消极的情绪。

仅是单一的纯色调，效果过于活泼，给人紧张的感觉。

配色思路

温馨宁静的家园环境

甜橙色

木色

浅橄榄绿　棕色

28-16-45-0
200-204-156

22-47-72-0
206-148-81

13-28-44-0
226-193-147

0-57-90-0
252-141-12

柑橘之夏

在柔和温雅的棕色系衬托下，象征莽莽绿意的浅橄榄绿和清爽甘甜的甜橙色搭配，描绘出一幅平和宁静的夏季乡村画卷。

浅橄榄绿的墙面点缀树影墙绘，恰到好处地营造出清新、静谧的氛围。

木色家具和棕色地毯色调柔和，增加了卧室自然淳朴的氛围，提升了房间的舒适感。

甜橙色作为点缀突显了床的主角地位，是整个房间的亮点。整个空间层次分明，给人愉悦、清爽的感觉。

配色思路

▌宁静致远

世界之大，无奇不有，惊喜多，烦扰也多。客厅采用浅暖灰和冰川灰搭配，设计简约，让人感受到繁华褪尽后的生活本真，方能体会宁静得以致远的心境。

冰川灰的窗帘力客厅带来清爽、宁静的冷光，使暖色调的室内陈设不显得烦闷。

浅暖灰色的布艺沙发给人舒适、温暖的感受，与木色茶几色调靠近，呈现柔和的效果。

茶几上点缀中性偏暖的绿植，力整个宁静氛围的卧室添上了一抹生机。

橄榄绿

木色

冰川灰　　　　　浅暖灰

13-8-6-0
227-230-235

12-14-15-0
229-220-213

13-28-44-0
231-196-149

54-33-100-0
137-150-41

配色禁忌

色调偏冷、色彩厚重

温馨氛围的居室中可以适当使用冷色，但整体色调必须是暖色调；避免大面积使用厚重色彩，否则会失去轻盈感。

冷色调的配色给人清凉、理智的感觉，不能营造出温馨的氛围。

适当加入厚重的色彩有稳定的效果，如果比重过大，氛围会变得严肃、沉重。

点燃家的自然绿焰

配色思路

配色禁忌

过多使用纯色、深色

当我们打造自然清新的居室时，应使用明度较高、纯度适中的色彩，避免使用大面积的纯色、深色。

大量使用纯色往往会表现出科技感和未来感，缺乏自然、清新的感觉。

深色给人压迫感，过多使用深色会使氛围的清新感减少。

米灰色

木色

浅黄绿　　浅草绿

- 19-9-58-0
  223-223-131
- 34-12-61-0
  189-206-123
- 13-28-44-0
  226-193-147
- 5-3-12-0
  246-245-231

▌清新木舍

炎热的夏季，躲在绿意盎然的明媚木舍里，伴着窗外蝉鸣鸟叫，烹饪一道小菜或是品一壶茶。猫咪兴奋地在脚边打转，也在期待着它的下午茶时光。

墙面色彩从浅黄绿到浅草绿的过渡搭配，给人生机感的同时，使房间氛围更平稳、静谧。

木色家具在绿色墙面的衬托下，更加温润柔和，让人联想到茂密的丛林。

米灰色明度靠近白色，增加了房间的通透感。

▍城市绿洲

现代都市四处弥漫着冷硬的金属气息，人们对大自然的渴望愈发强烈。通过棕色系色彩和盆栽、园艺的搭配，我们也可以打造出一个专属自己的城市绿洲。

棕绿色

鸽蓝色

浅茶色　　土棕褐色

- 14-18-31-0
  227-212-181
- 47-56-81-2
  157-121-69
- 71-57-32-0
  94-111-144
- 48-43-100-0
  156-142-35

浅茶色的木地板明度较高，使不具备采光优势的房间更加开敞、明亮。

鸽蓝色的立柜丰富了垂直空间的色彩；土棕褐色的布艺沙发给空间带来一丝野性与不羁。

棕绿色的靠枕迎合沙发的土棕褐色，增加了空间的原野氛围。

几何与色彩的激情碰撞

配色禁忌

色彩数量过多

色彩数量越少越能体现设计感。黑白是突显几何造型的最佳色彩。

如果采用全相型配色，注意力会向色彩转移，则无法感受到几何的干练感和科技感。

月亮黄

木色

灰白色   黑色

◯ 0-0-0-10
239-239-239

● 0-0-0-100
0-0-0

● 13-28-44-0
226-193-147

● 0-23-87-0
252-204-34

▌月球漫步

色彩与几何互不让步，在同一个空间中各自绽放异彩；月亮黄与黑白几何激烈碰撞，在规则和刻板中觅得属于自己的白月光。

灰白色与黑色搭配，突显出房间陈设的几何图案和造型，个性十足。

木质家具的色彩柔化了黑白配带来的冰冷感，搭配绿植，增加柔和、舒适感。

高饱和的月亮黄点亮了整个黑白空间，展现出独一无二的时尚感。

配色思路

▌摩登时尚

艳丽的紫红色和醒目的柠檬黄碰撞出激烈的色彩火花。根据使用功能，用色块划分出空间，在黑色的衬托下，彰显出强势与个性。

房屋为开放式空间。光面木地板与黑色地毯在平面上对空间进行了功能划分，使空间层次清晰、井井有条。

紫红色出现在沙发和厨房位置，相互呼应，增强了空间的整体感。

柠檬黄位于空间中央，提亮整个空间色彩，与红色搭配，显得个性又时尚。

配色思路

13-28-44-0
226-193-147

0-0-0-100
0-0-0

18-95-55-0
217-33-83

0-8-100-0
255-229-0

柠檬黄

紫红色

木色　　黑色

打造不同个性定位的宅居色彩

不同的年龄、性别、社会经历都会造就不同的人物个性。针对不同的个性，应该做出与其相适应的配色。我们选取了 6 个关注度较高的人群标签，一定能找到适合你的那一款居室配色。

PART EIGHT

舒适的单身白领自在居

配色思路

▍芬芳蓓蕾

床的砖墙背景为空间注入一丝粗犷与野性，珊瑚粉在砖墙的衬托下，宛如野花蓓蕾，还未绽放却早已肆意抛洒芬芳。

米白色的地板与背景砖墙奠定了空间温暖、随性的基调。

珊瑚粉色的床上用品决定了整个房间优雅的女性气质；装饰藕粉色的针织品，突出了温暖、舒适的感觉。

木制家具点缀绿植，为整个卧室增加了自然淳朴的气质，与背景砖墙共同营造出自由放松的氛围。

木色

珊瑚粉

米白色　　砖红色

4-9-11-0　　　11-64-68-0
246-236-227　231-123-78

6-26-12-0　　13-28-44-0
241-206-209　226-193-147

▌一个人的圆舞曲

柔和的珊瑚粉只为温暖自己的少女心，孤傲的蓝灰色是留给自己的理性。收拾好这份心情，开始一个人的圆舞曲。

木色

珊瑚粉

灰白色　　　　　　蓝灰色

灰白色的环境营造出明亮、柔和的居室光感，给人干净、简洁的感觉。

采用质感轻盈的蓝灰色布艺沙发作为客厅主角，搭配珊瑚粉营造出优雅娴静的居室氛围。

木色虽然面积较少，但均匀分布于各个位置，增加了空间的整体性，突出了自然闲适的氛围特点。

○ 0-0-0-10 239-239-239	○ 28-31-37-0 196-179-158
○ 6-26-12-0 241-206-209	○ 13-28-44-0 226-193-147

色彩冷硬、厚重

单身白领普遍为青年，色彩不宜厚重、冷硬；自在、休闲的氛围下，色彩应轻柔、偏暖。

配色中使用大面积冷色，效果冷硬，给人刚毅、理性的感觉。

色彩中使用大量深色，给人厚重、古朴的感觉，缺乏柔和、自在的感觉。

配色思路

干练沉稳的"理工男"居室

配色禁忌

色彩淡雅、活泼

代表男性的色彩印象应该是理性的、干练的、具有力量感的。

色彩淡雅、优美，具备女性特质，不适宜表现干练、沉稳的男性居室。

色彩纯度较高，色相型太强，给人活泼、欢快的感觉，缺乏沉稳感。

橄榄绿

黑棕色

浅暖灰　　　深褐色

- 12-14-15-0
  229-220-213
- 65-67-70-22
  98-80-70
- 75-74-82-53
  53-45-36
- 54-33-100-0
  137-150-41

▌魅力绅士

头戴深褐色的圆顶硬礼帽，手执棕黑色木质手杖，脚踏一双精致的手工羊皮鞋，微扬的嘴角下是彰显睿智和幽默的橄榄绿领结。

浅暖灰与深褐色的木地板营造出高档柔和的氛围。

强势的黑棕色的床头背景墙突出卧室的重心所在，空间氛围充满力量感。

在柔和高档的棕色调空间中加入几株绿植，为空间注入生机，给人睿智的色彩印象。

配色思路

配色思路

▌蒸汽雾都

街上人潮涌动，车水马龙，湿润的空气继续蚕食着斑驳的建筑。沉稳的藏青色与厚重的棕红色搭配，还原出昔日雾都的繁华景象。

浅茶色的窗帘、地板与藏青色的墙面搭配，展现出高端沉着的男性气质。

棕黄色的沙发椅与藏青色形成对比，丰富了色相型，增加了空间张力。

棕红色与藏青色搭配，表现出成熟男性的特性，给人沉稳、大气的感觉。

14-18-31-0
227-212-181

76-63-38-0
83-99-131

39-48-88-0
177-139-54

52-81-100-27
122-59-18

棕红色

棕黄色

浅茶色　　藏青色

激发孩子想象力的儿童创意空间

配色思路

配色禁忌

色彩暗浊

女孩房适宜淡雅、浪漫的色彩，男孩房适宜清爽、阳光的色彩，所以儿童房的色调普遍轻柔爽朗，且色相型较强。

暗沉的色彩感觉不到朝气，不适宜儿童空间的配色。

浊色过多，即使加入粉色，仍然感觉沉闷，缺乏趣味感。

浅松石色

棕色

亮白色	米白色
0-0-0-5	4-9-11-0
247-247-248	246-236-227
42-6-27-0	22-47-72-0
162-210-200	206-148-81

▌冰雪王国

大面积的亮白色和小面积棕色搭配，给人寒冬降临、白雪皑皑的感觉。小动物们早已躲在树洞里过冬，只有顽皮的小猴还支棱着脑袋寻找一同嬉戏的小伙伴。

墙面和地板都使用亮白色，营造出明亮、洁净的环境氛围；搭配米白色的木质家具，整体色调轻柔，让人联想到婴儿的色彩印象。

泰迪熊和凳子的棕色明度适中、纯度较高，丰富了空间层次。

木马的浅松石色使配色保持纯真感的同时，丰富了色相型，给人愉悦、舒适的感觉。

▎丛林大冒险

房间里丰富的植物和四处散落的小动物玩偶向我们描绘了一场刺激的丛林大冒险：能隐身的魔龙，五彩斑斓的学语者，还有埋伏在沼泽里的长嘴猛兽……不过，冒险者们不会就此退却，勇气会带领他们找到最后的宝藏。

0-0-0-5
247-247-248

14-18-31-0
227-212-181

54-33-100-0
137-150-41

0-8-100-0
255-229-0

柠檬黄

橄榄绿

亮白色　　　　　　浅茶色

亮白色墙面搭配浅茶色的木地板，整个空间呈现柔和、明亮的色调。

绿色在房间中均匀分布，为儿童房营造出自然、充满活力的空间。

柠檬黄为房间增添了亮点，与浅草绿搭配，突出了生动活泼的氛围；房间中的点缀色还有蓝色、橙色等。

配色思路

小夫妻的幸福小家

月亮黄

暖灰色

米白色　　棕色

4-9-11-0
246-236-227

22-47-72-0
206-148-81

28-31-37-0
196-179-158

0-23-87-0
252-204-34

▌秋天的故事

秋天是个缠绵的季节，没有夏日的酷暑，也没有冬季的严寒。只有蜷在窝里的小猫，还有厨房里散发出的饭菜香。

米白色的墙面与棕色的木制家具烘托出温暖的空间氛围。

暖灰色布艺沙发适当平衡了棕色家具带来的燥热感，还增加了现代感。

绿色和黄色的插花为客厅注入清新感，丰富了空间色调，减弱了烦闷的感受。

配色思路

▌绿野晴空

在米白色的衬托下，房间中的草绿色仿佛雨过天晴后的树叶，青翠欲滴，在阳光下闪烁着晶莹的光泽。

米白色墙面和木地板搭配为空间增加了家的温暖感。

海蓝色的沙发背景墙营造出宁静、安稳的氛围，与木色形成色相对比，给人愉悦、舒适的感觉。

客厅中多处分布草绿色，与海蓝色搭配使人联想到天空与草地，空间充满了清爽、舒畅的感觉。

草绿色

海蓝色

米白色　木色

4-9-11-0	● 13-28-44-0
246-236-227	226-193-147
● 33-11-7-0	● 48-20-96-0
183-212-233	157-180-37

配色禁忌

色调偏冷、色彩厚重

配色的对象为"小夫妻"，所以营造温馨、幸福的氛围是重点。

具有幸福感的色彩应该是偏暖的，而冷色调的配色给人理智、冰冷的感觉。

大面积使用明度低的色彩，营造的氛围过于昏暗、肃穆，不能给人温馨感。

文艺青年的精致生活

配色思路

▍自由之海

海洋是变幻莫测的，时而浪静风平，时而疾风骤雨，唯一不变的是象征自由的那一抹蓝。房间中色彩数量较少，大面积地使用蓝鸟色，给人宁静、雅致的印象。

因为蓝鸟色的墙面明度大于灰白色地板，色彩重心上移，使空间充满了动感。

蓝黑色十分强势，房间主角明确，层次清晰，与蓝鸟色共同营造出宁静、自由的感觉。

木制家具色彩与蓝色形成对比，增强了配色的色相型，使空间不过于忧郁，而是给人轻松、宁静的感觉。

木色

蓝黑色

蓝鸟色　　　灰白色

● 79-56-23-0　　○ 0-0-0-10
　65-106-152　　　239-239-239

● 89-78-64-40　　● 13-28-44-0
　31-49-61　　　　226-193-147

配色思路

▌大雁南归

秋风渐起，天气转凉，北方变得愈发寒冷。黄昏的余韵里，一排排雁影顶着寒风向南前行，因为它们知道崭新的生活就在前方。在这套居室中，棕黄色与大面积灰白色搭配，怀旧与清新共存。

栗色

棕黄色

灰白色　　　　　木色

0-0-0-10	13-28-44-0
239-239-239	226-193-147
39-48-88-0	58-69-96-25
177-139-54	112-78-39

灰白色的墙面和木色地板奠定了平静、温和的空间氛围，给人宽敞、开阔的感觉。

棕黄色的沙发椅和藤编吊灯为空间增加了质朴、天然的感觉。

作为点缀色的栗色明度低于其他色彩，丰富了空间细节，使空间更显精致。

配色禁忌

色彩华丽、厚重

我们对文艺的普遍印象是小清新、质朴的，简约又不失精致感。

华丽的色彩过于浓郁，给人绚丽、浮华的感觉，不适宜文艺清新风格的居室。

厚重的色彩给人稳重、严肃的感觉，缺少轻盈、质朴的感觉。

怀旧古朴的老年居室

■ 配色思路

■ 配色禁忌

黑色、冷色过多

老年居室的色彩搭配要能体现老人的普遍性格特点。

黑色、冷灰色具有机械感、工业感，缺乏人情味，不适宜用在老年人的居室。

冷色过多，表现出的效果冷硬、严肃，无法体现沧桑、古朴感。

■ 古朴庄园

古朴寂静的庄园安稳地伫立着，仿佛经过了漫长时间与大地融为一体，只待外来者敲开这尘封的岁月。客厅中大面积使用棕红色和铁锈红，营造出怀旧而热情的复古氛围。

木色

铁锈红

棕红色   棕色

● 52-81-100-27   ● 22-47-72-0
  122-59-18   206-148-81

● 13-28-44-0   ● 36-82-78-1
  226-193-147   182-76-63

大面积的棕色和棕红色搭配，加深了空间色调，为客厅营造出古朴、怀旧的氛围。

铁锈红明度较低，表现出的效果沉稳、威严，在怀旧氛围下显得庄重又不失高贵。

木色的茶几明度较高，与棕色系搭配，使空间层次清晰。

▍归园田居

远离城市的喧嚣，只求一份安稳的宁静。
相伴回归田园，那才是真正的生活。居
室中的浅橄榄绿是营造质朴田园氛围的
点睛之笔。

18-30-56-0
216-183-122

52-81-100-27
122-59-18

4-9-11-0
246-236-227

28-16-45-0
200-204-156

浅橄榄绿

米白色

浅褐色

棕红色

浅褐色的墙面和浅橄榄绿的
床上用品搭配，营造出淳朴
自然的田园气息。

米白色的灯罩和被套提升了
整个空间的明度，使氛围清
爽明亮，不过于沉闷。

棕红色的木制家具作为
卧室的暗部，使空间层
次清晰、稳定。

配色思路

最受欢迎的7种家居风格

在我们对新房进行装修规划之前，都会定下大致的装修风格，而后续的设计和施工都将围绕这个风格展开。以下列举了7种近几年来最受欢迎的风格，来看看你喜欢哪一种。

现代简约——简而不凡

配色思路

▌大隐于市

墙上的装饰木盘宛如一轮红日，与茶几上的"狐松"遥遥相望，描绘出一幅素雅的山水画卷，那是文人雅士们向往的墨色桃源。

浅暖灰的木纹背景墙搭配大地黑的地毯、沙发，奠定了素雅、稳重的空间色调。

珍珠白的简约几何茶几宛如山间云雾，又似一池湖水，为空间增加了通透感。

黄绿色的植物为素净的客厅增加了一丝活力，使整个空间颇有怡然自得的畅快感。

黄绿色

珍珠白

大地黑　浅暖灰

● 69-65-66-20　　　　● 12-14-15-0
　90-83-77　　　　　　229-220-213

　0-4-6-0　　　　　　● 25-6-83-0
　255-249-242　　　　205-213-67

草原猎手

利爪和弯勾般的嘴是鹰的武器，加上锐利的眼神和强健的翅膀，让它成为草原上的一大霸主。居室中棕色系和金属质感的搭配，向我们展现鹰的沉着与锐利。

亮白色

皮革黑

暖灰色　　　　浅褐色

- 28-31-37-0　　196-179-158
- 18-30-56-0　　216-183-122
- 83-77-67-44　　45-48-55
- 0-0-0-5　　247-248-248

暖灰色的墙面和大理石地砖确定了棕色系的主色调，打造出质朴、粗犷的居室氛围。

浅褐色的布艺沙发与黑色的皮质沙发围合出大气、低调的客厅空间，材质的不同也丰富了空间的体验感。

亮白色主要表现在灯盏、茶几和毛毯上，减轻了大面积棕色系带来的烦闷感；光滑的金属材质与其他材质形成鲜明对比，营造出低调奢华的氛围。

配色禁忌

色彩艳丽，用色数量过多

艳丽的色彩给人浮夸、俗气的感觉，缺少都市感；用色数量过多，且色相型丰富，则无法营造出简约大气的氛围。

现代简约风格的配色多以中性色为主，明暗对比较强，给人柔和不失干练的感觉。

配色思路

BROWN

▌冰雪封城

居室空间宽敞，整体色彩素雅、端庄，使用大面积灰白色系，在水晶灯饰、光面大理石地板的装点下，让人仿佛置身于冰封的城堡，寂静、低调却又端庄、高贵。

居室中用到大面积的深褐色立面，搭配浅中灰的大理石地板，营造出低调奢华的氛围。

浅中灰色的 L 形布艺沙发降低了棕褐色墙面带来的闷热感和厚重感，增强了空间的轻盈感。

厨房的棕黑色大理石装饰墙面上有白色的冰裂纹，增加了细节感，使现代简约风格的居室简而不凡，再搭配一两束粉色插花，氛围精致大方。

棕黑色

灰白色

深褐色　　浅中灰

● 65-67-70-2　　● 0-0-0-35
98-80-70　　　191-191-192

0-0-0-10　　　● 75-74-82-5
239-239-239　　53-45-36

配色思路

▊一抹茶香

正在烹煮的茶汤，茶叶沉底，茶面则萦绕着淡淡的雾气。居室中透明的茶色座椅如同一杯红茶，醇厚甘甜，满室飘香。

0-0-0-5
247-247-248

12-14-15-0
229-220-213

22-47-72-0
206-148-81

38-78-100-3
170-82-35

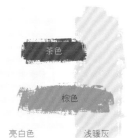

茶色

棕色

亮白色　　　　浅暖灰

亮白色的墙面搭配浅暖灰色的地砖，整个居室呈现出简约、温和的效果。

棕色的木质餐桌奠定了餐厅温暖的基调，增进食欲，营造出舒适、柔和的氛围。

椅子的透明茶色椅背是整个餐厅的特点所在，特殊的材质下，表现出醇厚又轻盈的效果。

配色思路

地中海风格——徜徉自由之海

配色思路

配色禁忌

刻板印象的"蓝白配"

地中海风格的核心是自然质朴的粗犷感，常用大地色系和材质肌理来表现。

虽然地中海风格有海洋的元素，但并不是只能用单一的蓝白配色来表现。

大地色系可以很好地表现出地中海风格的自然、质朴感。

咖啡色

亮白色

米白色　棕色

4-9-11-0	● 22-47-72-0
246-236-227	206-148-81
0-0-0-5	● 60-70-100-25
247-247-248	106-75-35

▍圣托里尼之光

沐浴在灿烂的阳光下看着海浪翻腾，在这里，能感受到上帝对圣托里尼的偏爱。明度较高的米白色墙面搭配大面积的开窗，不仅增加了自然采光，美丽的海景也一览无余。

米白色的墙面、地板搭配棕色木纹的橱柜、桌椅，伴着阵阵海风穿过拱门和长窗，在阳光下享受着悠闲、舒适的下午茶时光。

亮白色的方块瓷砖为居室增加了一丝清爽和洁净，反光的质感给人精致的感觉。

咖啡色的纹理丰富了空间细节，增加了质朴、自由的感觉。

情定爱琴海

房间内纯净的白色和神秘的松石绿搭配，通过棕色系的糅合，向我们描绘了一个充满异国风情的浪漫爱情故事。

亮白色的墙面与地中海风格特有的拱门造型结合，再搭配马赛克地砖和粗犷的实木家具，爱琴海的景色仿佛跃然眼前。

居室中用到的松石绿仿佛洁白沙滩边的蓝绿色海水，晶莹剔透，闪烁着宝石般的光泽。

甜橙色点缀在坐凳、装饰画上，为浪漫柔和的海边风情增加了一丝欢快与俏皮感。

甜橙色

松石绿

亮白色　　　　木色

0-0-0-5
247-247-248

13-28-44-0
231-196-149

63-7-34-2
89-180-176

0-57-90-0
252-141-12

配色思路

▊ 异国清晨

清晨，湿润的海风伴着悠扬的琴声拂过面颊，披着毛毯站在窗边，看着远方雪白的浪花翻腾。房间配色主要为棕色系，花纹繁复，充满异国风情。

棕色地砖叠加暗红色地毯，在柔和的米白色衬托下，为质朴的空间增加了一抹野性，给人热情开放的空间印象。

绿棕色的毛毯使人联想到橄榄的色彩，这是一份来自爱好和平的国家的友善和包容。

月亮黄的靠枕在棕色系的房间中宛如一轮暖阳、一盏明灯，带给人愉悦的心情。

4-9-11-0
246-236-227
月亮黄

22-47-72-0
206-148-81
绿棕色

63-48-90-5
116-122-60

0-23-87-0
252-204-34
米白色　　棕色

▌摩洛哥的香料

摩洛哥是个香料王国，那里有一座尖塔十分引人注目。相传该塔在建造时，国王下令向建材中加入了近千袋名贵香料。时隔八百多年，这座高塔依旧散发着阵阵香味。

右图中，热情、华丽的金棕色和幽然的深绿色搭配，让我们感受到这座被称为"地中海咽喉"的国家散发出的独特的文化香气。

带有精美浮雕的米白色墙砖搭配以海蓝色调为主的马赛克瓷砖，为我们描绘出海天相接的景象，同时也展示出了摩洛哥艺术的精美绝伦。

金棕色的大门和拱窗华丽却又不失质朴，在蓝白色墙面的衬托下，给人愉悦、热情的空间印象；藤编的金棕色布艺沙发给人亲和、舒适的感觉。

居室周围点缀上深绿色的植物，一幅海边树屋的自在生活画卷立即呈现在眼前。

深绿色

金棕色

米白色　　海蓝色

4-9-11-0
246-236-227

11-64-68-0
231-123-78

14-64-97-0
226-120-10

84-50-88-13
44-104-66

配色思路

北欧风——现代与自然的交融

配色思路

▌荒漠卫士

居室中黑白与木色描绘出一片荒原景象，本是冰冷、锐利的氛围在浅松石色的加入后变得舒适、柔和，宛如捍卫着生命之泉的仙人掌、坚毅、安然。

卧室中最抢眼的色彩莫过于黑白搭配了。几何图案和铁艺灯具、床架在黑白配色下给人坚毅、果断的印象。

浅色的木地板柔化了黑白的锐利感，烘托出舒适、明朗的居室氛围。

浅松石色是精髓所在。明亮柔和的浅松石色为整个卧室增加了生命力；虽然没有冬去春来的焕然新生，却展现出疾风劲草般的坚毅和安然。

浅松石色

黑色

亮白色　　　木色

0-0-0-5 247-247-248	13-28-44-0 231-196-149
0-0-0-100 0-0-0	42-6-27-0 162-210-200

配色思路

▮ 冰火之国

冰岛是北欧五国之一，拥有 100 多座火山，是世界上温泉最多的国家，被称作"冰火之国"。上图的居室在色彩和质感上都表现出北欧风格独有的自然和清冽。

火山岩般的深灰色墙壁和宛如白雪的灰白色描绘出冰火之国的素净氛围。

原木色是北欧风格的灵魂。有着明显肌理的原木陈设和藤编地毯使整个居室充满了温暖、舒适的氛围。

蓝色与棕色的搭配，往往可以产生醒目而镇定的效果，营造出平静、舒适的空间氛围。

海蓝色

木色

灰白色　　　深灰色

0-0-0-10
239-239-239

● 0-0-0-75
102-100-100

13-28-44-0
226-193-147

33-11-7-0
183-212-233

配色禁忌

色调昏暗，色彩数量过多

北欧风格配色的一大特点在于色彩干净明朗，设计简洁、人性化。

昏暗的色调则失去了北欧风简洁、干净的特点；色彩数量过多显得繁杂。

北欧风常用黑、白、灰、棕等中性色搭配原木色，或加入鲜艳的点缀色也别有一番风味。

▎猫舍里的暖冬

窗外大雪纷飞，布满水雾的玻璃窗隔绝了屋外的寒冬。顽皮的小猫伸出脑袋瞅了瞅窗外，又把头缩了回去，心想："还是在被窝里度过这个冬天吧。"

居室内简洁的设计和配色表现出北欧温和的气候和质朴自然的人文风情。

亮白色的墙面和原木色的家具、地板搭配，在简洁、人性化的设计下，营造出柔和、温暖的气氛。

栗色的墙面为整个明亮的空间增加了暗部，层次分明的同时，给人安稳的感受。

蔚蓝色的点缀仿佛冰川融化后海天相接处的色彩，在原木色的衬托下，显得温和、清爽。

蔚蓝色

栗色

亮白色　　　　木色

0-0-0-5
247-247-248

13-28-44-0
226-193-147

58-69-96-25
112-78 39

80-43-3-0
30-131-203

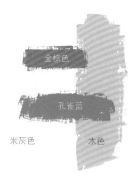

金棕色

孔雀蓝

米灰色　　　　木色

5-6-6-0
246-242-239

13-28-44-0
226-193-147

100-0-20-30
0-129-162

14-64-97-0
226-120-10

阳光凤梨

坐在沙滩椅上吹着海风，享受着假期的美好。端起手边的鲜榨凤梨汁，酸涩的口感里还有阳光的味道。客厅内的金棕色、孔雀蓝和四处摆放的盆栽让人回想起海边假期的日子。

米灰色的墙面、地板使整个空间仿佛洒满阳光般的明亮、温和。

原木色的陈设给人温暖舒适的感受，表现出北欧风格的精髓。

金棕色和孔雀蓝的搭配让人仿佛置身于洒满阳光的海浪沙滩上，兴奋又惬意。

配色思路

新古典主义——轻奢概念，形散神聚

配色思路

配色禁忌

色调清新或艳丽

新古典风格讲究低调奢华的精致感，光亮的材质和稳重沧桑的色彩是两大重点。

清新明亮的色调给人轻盈、开朗的感觉，无法表现出新古典风格的奢华、沧桑感。

艳丽的色彩色相间距较大，充满张力和活跃感，无法给人稳重的印象。

草绿色

棕红色

米白色　棕色

- 4-9-11-0
  246-236-227
- 22-47-72-0
  206-148-81
- 52-81-100-27
  122-59-18
- 48-20-96-0
  157-180-37

▎南国之春

在度过了干燥的严冬后，南国迎来了期待已久的春天。卧室中温暖的棕色调古典家具，加上室内外相呼应的草绿色，春天已然来到。

米白色的墙面加上古典韵味十足的橱柜，传统又精致的古典气息扑面而来。

棕红色的床架和窗框作为整个居室的暗部，加之所处位置采光较好，使空间明暗平衡，层次清晰。

草绿色的工艺品与窗外的绿景内外呼应，仿佛在邀请春天的到来。

▋蓝色满天星

满天星象征着清纯、关怀、真爱，虽然它的花朵很小，但聚集在一起就是璀璨的星空。卧室中带有蓝色花纹的壁纸和窗帘营造出一片宁静的星空花海。

0-0-0-10
239-239-239

24-11-5-0
203-218-233

78-73-24-0
82-83-142

22-47-72-0
206-148-81

棕色

星空蓝

灰白色   柔和蓝

蓝色花纹的壁纸、窗帘为整个卧室营造出梦幻、纯真的氛围。

星空蓝的床和椅子使空间重心下沉，给人安稳、宁静的感觉。

棕色的地板和木质陈设为整个空间增加了华丽、庄重的气氛；金色的镜框、烛台造型的台灯增加了精致华丽的感觉。

配色思路

配色思路

▌沙漠古堡

风沙过后，天空渐渐澄澈，翻过一座座
沙丘后，终于找到了埋藏在黄沙中的那
段璀璨岁月。配色用到大量的浅棕色系，
沧桑却不失华丽。

暖灰色的墙面和米白色的地
毯营造出柔和、古朴的氛围。

浅驼色的床上用品搭配丝绒的
质感给人古典、精致的感觉。

棕色主要运用在床头柜和其他
家具的轮廓边框上，给人规则、
细致的感觉。

28-31-37-0
196-179-158

4-9-11-0
246-236-227

14-18-31-0
227-212-181

52-81-100-27
122-59-18

棕红色

浅驼色

暖灰色 米白色

▌记忆宫殿

泛着黄绿色柔光的墙面如同珍藏的旧照片，华丽的吊灯洒下柔和的光，在这宁静的氛围中仿佛传来了记忆宫殿的钟声。

银桦色的墙面使客厅带上淡淡的绿色调，搭配欧式吊顶和墙面造型，奠定了宁静、古典的基调。

棕绿色的古典风格的沙发、台灯、窗帘与墙面有深浅上的过渡，使房间效果宁静、优雅。

棕黑色的座椅、茶几使房间重心下沉，增加了古朴、怀旧的气氛。

棕黑色

棕绿色

银桦色　　　暖灰色

○ 0-0-10-20
221-220-207

○ 28-31-37-0
196-179-158

● 48-43-100-0
156-142-35

● 75-74-82-53
53-45-36

配色思路

美式乡村——回归质朴田园

配色思路

配色禁忌

色调过于清爽或暗浊

美式乡村风格通常是钝、弱色调，棕色系和增加通透感的白色是常用的色彩。

色调过于清爽，则缺少田园风格特有的淳朴感和怀旧感，显得太过轻盈。

暗浊的色调虽然有了田园风的怀旧感，但失去了明媚、温暖的感觉。

亮白色

海蓝色

浅茶色　　棕红色

● 14-18-31-0
227-212-181

● 34-12-61-0
189-206-123

● 33-11-7-0
183-212-233

● 0-0-0-5
247-247-248

▌纯真童年

在童年时光里，没有忧伤，没有烦恼，只有穿梭在阳光下的小小身影和裤脚溅起的欢乐的泥点。卧室中海蓝色和棕色系渲染出美好童年的纯真、怀旧氛围。

浅茶色的墙面和地毯奠定了温馨舒适的氛围。

柔和的海蓝色搭配古朴的棕红色有镇定效果，在浅茶色环境下，整个居室呈现出旧照片般的质感。

亮白色增加了空间的通透感，使卧室色调调亮；与海蓝色搭配给人纯真的印象。

外婆家的后花园

房间中温暖淡雅的茉莉黄让人 想起外婆家后花园的阳光，再搭配蓝绿底的碎花墙面，给人治愈、放松的感觉。

柔和、治愈的茉莉黄搭配亮白色，给人冬季暖阳般的清新、治愈感。

棕色餐桌椅作为空间中明度较低的部分，增加了居室的质朴感，给人亲切又沉稳的感觉。

蓝绿底的碎花墙面突显了居室的田园风格，在黄色的对比下起到了放松、治愈的作用。

配色思路

蓝绿色

棕色

茉莉黄　　　　亮白色

0-15-60-0　　　　0-0-0-5
254-221-120　　　247-247-248

22-47-72-0　　　95-25-45-0
206-148-81　　　0-136-144

▌时间旅人

从出生到死亡，从青葱岁月到历经沧桑，时间就像离弦的箭，无人可以阻挡，而我们就像一个个旅行者，任由波涛推向远方。

居室中色相型较弱，从色彩和材质上我们可以感受到繁华褪尽后的质朴和沉着。

淡黄色的墙面与棕色的地板、立柜搭配，烘托出温馨、怀旧的氛围。

棕红色的皮质沙发增加了居室的沧桑感，给人沉着、粗犷的印象。

灰白色的茶几、靠枕，以及造型别致的天花板减弱了棕色系带来的燥热、烦闷感，加上良好的采光，整个客厅通透、明亮。

灰白色

棕红色

淡黄色　　　棕色

0-10-35-0	22-47-72-0
255-234-180	206-148-81
34-12-61-0	0-0-0-10
189-206-123	239-239-239

配色思路

工业风——粗犷与时尚的结合

配色思路

▌黑胶时代

居室为典型的工业风格，斑驳的砖墙、冰冷的黑白灰以及质朴柔和的原木家具展示出黑胶唱片般的质感，粗犷的外表下仿佛沉睡着一个个律动的灵魂，形简神聚。

比起砖墙的复古，淡灰色的水泥墙更具有现代感，再搭配魔力黑油漆墙面，营造出幽静的氛围。

原木家具为整个居室添加了舒适感和质朴感，给人亲切、温暖的感受，这也是工业风里经常加入的元素。

斑驳的砖墙增加了粗犷复古的工业痕迹，同时也为居室加入了更多的暖色，中和了黑灰色带来的冰冷感。

砖红色

木色

淡灰色　　　魔力黑

- 0-0-0-20　　220-221-221
- 81-72-68-38　51-59-61
- 13-28-44-0　226-193-147
- 11-64-68-0　231-123-78

▌午后小憩

午后的阳光是热烈的，也是让人困乏的。在床上小憩一会儿，整个下午都将神清气爽。居室空间开阔、明亮，温和的暖色调和植物搭配，让人感觉舒适畅快。

亮白色和暖灰色营造出温暖、明亮的居室空间。

原木色的茶几使空间保持轻盈感，同时也增加了质朴感；如果改用深色则会给人沉着、稳定的感受，便失去了清爽畅快感。

居室中四处分布的植物搭配烟囱、灯具，让人联想到爬满绿藤的废弃工厂，个性十足。

橄榄绿

木色

亮白色　　暖灰色

0-0-0-5　　　　28-31-37-0
247-247-248　　196-179-158

13-28-44-0　　48-20-96-0
226-193-147　　157-180-37

配色禁忌

色相型太强，缺少无彩色

工业风格的特点是粗犷、神秘，复古却又时尚。

工业风大多采用原木色、棕色、灰色等作为主体色彩，再增加一两个亮色，增加柔美感；黑白灰是表现工业风常用的配色。

色相型过强，缺乏无彩色营造出的颓废、粗犷感，显得过于活泼和时尚。

▍流浪的诗人

虽然过着颠沛流离的生活，却无法阻挡
对诗和远方的向往。居室中的陈设、色
彩虽然极简，却能从细节中感受到精致、
艺术的生活。

亮白色的墙面和大理
石桌面营造出洁净、
简约的氛围。

木质橱柜、堆放的木柴增加了自
然氛围，仿佛屋外就是一大片森
林；棕红色的简约皮质沙发增加
了复古、沧桑的感觉。

黑色的铁艺灯具、座椅都透出强
烈的工业气息，在亮白色的衬托
下，线条结构清晰，粗犷中透着
精致。

黑色

棕红色

亮白色   木色

0-0-0-5   13-28-44-0
247-247-248   226-193-147

34-12-61-0   0-0-0-100
189-206-123   0-0-0

日式 MUJI 风格——禅意铸心的木色年代

配色思路

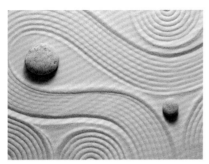

▌方寸山水

居室中不管是沙发还是座椅都是简约的，几乎没有任何杂饰，仿佛枯山水庭院中的白砂，极简的外表下蕴含着涓涓细流和广袤大海。

亮白色的墙面搭配米白色地板、沙发，营造出静谧、柔和的居室氛围。

原木桌椅加上简约、人性化的设计，给人舒适、亲近自然的感觉。

暖灰色的沙发背景墙与地毯通过色彩划分出空间；与米白色沙发对比，明确空间重心，丰富层次感。

暖灰色

木色

亮白色　　　　米白色

0-0-0-5　　　　4-9-11-0
247-247-248　　246-236-227

13-28-44-0　　　28-31-37-0
226-193-147　　196-179-158

▌晓霁

居室的自然采光与柔和、天然的材质搭配，宛如雨后清晨的阳光，温暖中飘荡着清冽的水汽。

白色和木色是 MUJI 风格中必不可少的色彩，可以营造出柔和爽朗的氛围。

米白色的窗帘、沙发靠枕作为亮白色和木色的过渡色，使居室氛围更加柔和、温馨，增加了舒适感。

松石绿的加入丰富了居室的色相型，增加了活跃感和清爽气息。

松石绿

米白色

亮白色   木色

0-0-0-5   13-28-44-0
247-247-248   226-193-147

4-9-11-0   63-7-34-2
246-236-227   89-180-176

配色禁忌

色彩过于浓重

MUJI 风格的特点是简约、自然、讲究功能主义的，往往具有强烈的禅意美感，色彩较为柔和、明亮。

色调过于浓暗，居室效果会过于沉稳、厚重，失去了 MUJI 风格的自然、轻盈感。

若色彩过于艳丽，则会失去质朴、自然的感觉，变得浓艳、俗气。

配色思路

京都茶屋

灯火阑珊中，举伞走过铺砌整齐的石板街道，一座座木质建筑中传来阵阵人声。掀起暖帘，淡淡的茶香伴着呼出的雾气消失在雪夜中。

居室中栗色餐桌和整齐摆放的碗碟给人古朴、精致的感觉，不禁让思绪飘飞到遥远的日本平安时代。

亮白色立柜和浅暖灰的地板、座椅共同营造出温暖的氛围，柔和中带着淡淡的古朴。

栗色的餐桌在明度上展现了主角的地位，古朴的色彩仿佛经过了岁月的沉淀和打磨。

深绿色植物在栗色的衬托下透着幽深、静谧的气息。

深绿色

栗色

亮白色　　　　　浅暖灰

0-0-0-5　　　　　12-14-15-0
247-247-248　　229-220-213

● 58-69-96-25　● 84-50-88-13
112-78-39　　　44-104-66

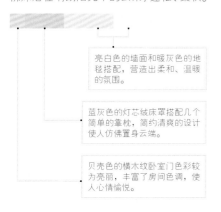

配色思路

▎云端之上

居室中陈设简洁，色块分明，在大面积暖色的包围下，蓝灰色的灯芯绒床罩仿佛沐浴在晴朗阳光下的云朵，蓬松、柔软。

亮白色的墙面和暖灰色的地毯搭配，营造出柔和、温暖的氛围。

蓝灰色的灯芯绒床罩搭配几个简单的靠枕，简约清爽的设计使人仿佛置身云端。

贝壳色的横木纹卧室门色彩较为亮丽，丰富了房间色调，使人心情愉悦。

0-0-0-5	
247-247-248	贝壳色
12-14-15-0	
229-220-213	
29-18-11-0	蓝灰色
191-200-213	
	亮白色　　浅暖灰
4-23-29-0	
248-211-182	

立邦漆的常用色号

考虑到大家在实际家装配色上的需求,我们按照不同色系的顺序罗列出了部分立邦漆的色号,让大家在墙面配色和墙漆购买时更加直观、便捷。(关于色差:由于室内外光线不同,可能会出现色差,图片仅供参考,以实物为准。)

APPENDIX

OW073-4	OW004-4	OW009-4	OW002-4	OW015-4	OW014-4	OW069-4
含羞紫	蕙心兰	杏雨梨云	浅莲灰	冰清玉透	绮丽	杨枝玉

RC0001-2	RC0270-3	RC0260-4	RC0002-4	RC8151-4	RC8120-3	RC8140-1
海滩暮色	醉卧花丛	睡莲仙子	柔皙	睡莲红	石竹花	精臻红

OC7940-1	OC0001-2	OC7920-3	OC0601-4	OC0055-4	OC0064-3	ON1970-3
石榴花	玫瑰花茶	荷红	纯真岁月	迷雾情缘	湖光珊色	大漠戈壁

YC0007-2	YC0005-3	YC2860-4	YC0001-4	YC0077-4	YC3020-3	YC0081-2
秋日原野	金色佳人	大波斯菊	云香	雏菊	金土地	酸甜柠檬

GN5190-2	GC4130-2	GC4160-3	GC4108-4	GC4660-4	GC5410-4	GC5780-2
发财树	春色满园	春江水暖	网纹甜瓜	青翠山岗	绿火花	西域奇宝

BC5640-2	BC5720-3	BC5920-3	BC0011-4	BC6630-2	BC6770-3	BC6740-2
玉珏	清水湾	镜湖倒影	幽兰	马赛蓝	暮霭	蓝色妖姬

VA7700-1	VA7100-1	VC7080-2	VC0016-4	VN0084-4	VN0086-2	VA8900-1
夜巴黎	夜色寂静	虞美人	格调紫	紫绒花	六月紫薯	紫霭

NN6500-1	NN2690-2	NN2620-3	NN0820-3	NN3830-2	NN1380-2	NN7380-2
魔力黑	草原猎手	暮秋时节	失乐园	肃穆佛堂	山雨欲来	阿尔卑斯山

RC0098-4	RC8051-4	RC0099-4	RC8010-4	RC8020-3	RC8030-2	RC8040-1
魅惑巴黎	高地红	花漾年华	艳阳天	樱草红	锦红菱	珊瑚红
RN0012-4	RN0013-4	RN0014-4	RN0015-4	RN0016-3	RN0017-2	RN0018-2
夏日精灵	娴静淑女	香芋派	醉颜羞涩	烟熏粉	冰乌梅	蜜豆
RN0035-4	RN0036-4	RN0037-4	RN0038-3	RN0039-3	RN0040-2	RN0041-1
宁静	轻柔香吻	蓓蕾绽放	拉丁女郎	立陶宛红	印第安红	深红烈焰
RC0107-4	RC0251-4	RC0260-4	RC0270-3	RC0280-2	RC0290-2	RC0001-2
思念	荷仙姑	莲花仙子	醉卧花丛	雪玫瑰	紫绢	海滩暮色
OA2000-1	OA1800-1	OA0004-1	OA8200-1	OA1700-1	OA0003-1	OA0002-1
红砖瓦	鲜橙飘香	孟加拉	橙黄	鹤顶红	群枫林丽	印度檀香
OC0019-4	OC0020-4	OC0021-4	OC0022-3	OC1670-3	OC1680-2	OC1690-2
嫩荷	香盈袖	暖心	康乃馨	金银花	棕瓦瓷	热情白兰地
ON0010-4	ON0011-4	ON8210-4	ON1820-3	ON1830-2	ON8240-2	ON1840-2
风雪娇梅	苍麒麟	蜜桔	温泉浴	鲜橙汁	金盏花	十月金秋
ON0036-4	ON0037-4	ON0038-4	ON0039-4	ON0040-3	ON0041-2	ON0042-2
玄米	粉嫩丝滑	娇黄	清新早晨	芒果布丁	鸡蛋黄	满月
YA3000-1	YA2900-1	YA8700-1	YA2700-1	YA2800-1	YA8600-1	YA1900-1
春华秋实	明黄	华盖黄	新奇士橙	非洲菊	奶黄	宝莲灯

YC0002-4	YC0001-4	YC0003-4	YC0004-4	YC0005-3	YC0006-2	YC0007-2
明润风采	云香	魔法奇缘	诱人芝士	金色佳人	澳洲海岸	秋日原野

YC3707-4	YC0068-4	YC3151-4	YC3210-4	YC3220-3	YC3230-2	YC3240-2
帆布工装	美人鱼	蕾丝花边	北极春	报春花	金榜题名	柠檬露

YN0006-4	YN0007-4	YN0008-4	YN0009-4	YN0010-3	YN0011-2	YN0012-2
浅黄帷幔	棉花糖	梨花春	柠绿	土豆色拉	东藤	芥末黄

GC0015-4	GC0016-4	GC0017-4	GC0018-3	GC0019-3	GC0021-2	GC0020-2
雪融冰晶	落日	白茶	清新宜人	嫩芽绿	绿玉薄荷	青柠乐园

GN5108-4	GN6007-4	GN5151-4	GN5160-4	GN5170-3	GN5180-2	GN5190-2
牧场风暴	青涩酸橙	薄荷绿	青青草场	哈密瓜	荷塘月色	发财树

GC0026-4	GC4551-4	GC0027-4	GC4510-4	GC4520-3	GC4530-2	GC4540-2
新绿百合	亮绿	原味绿茶	游园惊梦	田园交响曲	万象更新	三叶草

GC0035-4	GC6207-4	GC5708-4	GC5560-4	GC5570-3	GC5580-2	GC5590-2
莹澈光芒	冰晶蓝	山间飞瀑	海隅微阳	幻象浮生	烟霞	沙漠绿洲

BC6710-4	BC0001-4	BC5851-4	BC5710-4	BC5720-3	BC5730-2	BC5740-2
思绪万千	幽静湖蓝	昨夜星辰	秋波流转	洁水湾	寒雨连江	木兰岩

BC0010-4	BC6408-4	BC0011-4	BC6410-4	BC6420-3	BC6430-2	BC6440-2
清澈无暇	恋巢雏鸟	幽兰	睡美人	蓝眼睛	蓝印花布	佛罗伦萨蓝

BC0017-4 细雨	BC0018-4 都柏林	BC0019-4 倩语	BC6810-4 挪威蓝	BC6820-3 淘气小孩	BC6830-2 银蓝	BC6840-2 亮蓝
BN7007-4 北风	BN0016-4 霜蓝	BN7551-4 亚得里亚海	BN7560-4 仲夏夜之梦	BN7570-3 北欧风情	BN7580-2 拿破仑	BN7590-1 布里斯托蓝
VC7710-4 天山雪莲	VC0016-4 格调紫	VC7720-3 蓝色诱惑	VC0017-3 天蝎之吻	VC7730-2 青藏高原	VC7740-2 托斯纳蓝	VC0018-2 月色星空
VC0023-4 轻盈	VC0024-4 水晶之恋	VC0025-4 雪青	VC0026-3 紫秋	VC0027-2 优柔华贵	VC0028-2 紫薇花	VC0029-1 紫青
VC0049-4 柔静	VC0050-4 轻歌曼舞	VC0051-4 魔幻精灵	VC0052-4 爱的魔方	VC0053-3 紫色迷情	VC0054-2 情迷莫斯科	VC0055-2 紫芋香甜
VN0108-4 瑞士红	VN0075-4 木槿怡人	VN0073-4 雾都恋人	VN0160-4 悠悠若兰	VN0170-3 旷谷幽兰	VN0180-2 马鞭草	VN0190-2 清香李子
VA0001-1 紫茄	VA8900-1 紫霭	VA8500-1 梅红	VA7200-1 东方夜韵	VA8400-1 茄花紫	VA0200-1 红高粱	VA7100-1 夜色寂静
NN0005-4 可爱泡泡	NN0101-4 幽幽熏草	NN0851-4 祥云飘渺	NN0860-4 珊瑚	NN0870-3 褐珊瑚	NN0880-2 巧克力甜点	NN0890-2 高丽红参
NN0001-4 舒适	NN7201-4 蝴蝶兰	NN2651-4 幻影	NN2660-4 帏幔	NN2670-3 鼹鼠	NN2680-2 伊斯顿棕	NN2690-2 草原猎手

NN0801-4	NN1001-4	NN0015-4	NN1010-4	NN1020-3	NN1030-2	NN1040-2
巧笑嫣然	艳影	巧克力慕斯	成熟浆果	棕红	热情爪哇	红杉树
NN3907-4	NN5008-4	NN0033-4	NN4910-4	NN4920-3	NN4930-2	NN4940-2
浅丁香	青鸟翔翔	利口酒	韭菜	新石器时代	砀山梨	海枣
NN1307-4	NN7207-4	NN1351-4	NN1310-4	NN1320-3	NN1330-2	NN1340-2
石膏岩	科罗拉多	雪花石膏	浅灰	中灰	乌云	深灰
NN6508-4	NN6801-4	NN6551-4	NN6560-4	NN6570-3	NN6580-2	NN6590-2
利剑寒光	圣音	海市蜃楼	曲径通幽	磨刀石	海啸	文明古都
NN5807-4	NN6507-4	NN6151-4	NN6110-4	NN6120-3	NN6130-2	NN6140-2
润物细雨	深海珍珠	涓涓细流	北国山川	冰洋绿	印第安绿	海港绿
OW001-4	OW003-4	OW002-4	OW004-4	OW073-4	OW005-4	OW009-4
霞风玉露	淡菊	烟紫	蕙心兰	含羞紫	日色微明	杏雨梨云
OW082-4	OW083-4	OW085-4	OW019-4	OW084-4	OW020-4	OW064-4
云端漫步	白鸽	原味酸奶	白月皎洁	生机	芸黄	梧桐树
OW057-4	OW055-4	OW060-4	OW045-4	OW049-4	OW059-4	OW054-4
海天蓝	烟青	雪蓝	海滨微风	碧落清泉	浅莲灰	青山淡彩
OW056-4	OW093-4	OW066-4	OW094-4	OW067-4	OW068-4	OW069-4
纯净灰	玉润雅静	青萍白	香醇豆奶	杏子灰	雅典白	杨枝玉

多乐士漆的常用色号

以下为多乐士的部分墙漆色号。通过与立邦漆色卡对比我们发现，立邦漆的色彩更加明亮、艳丽，而多乐士漆的色彩则较为柔和、偏灰。大家可以根据自己居室的氛围需求来进行参考、选色。（关于色差：由于室内外光线不同，可能会出现色差，图片仅供参考，以实物为准。）

APPENDIX

10YR 17/465	75RR 63/207	24RR 72/146	64RR 83/073	90YR 83/053	20YY 78/146	36YY 66/349
50YR 25/556	70YR 30/651	80YR 45/427	23YY 61/631	25YY 28/232	10YY 83/071	50YY 83/114
52YY 89/117	53YY 83/348	46YY 74/602	54YY 69/747	40YY 48/750	70YY 51/669	90YY 83/179
94YY 46/629	10GY 61/449	10GY 74/325	30GY 83/064	30GY 34/600	50GY 16/383	10GG 29/179
70GY 73/124	70GY 83/060	56GG 77/156	30BG 44/248	90GG 38/242	30BG 64/140	50BG 72/170
70BG 24/380	33BB 33/308	36BB 46/231	47BB 14/349	90GG 08/118	70BB 14/202	50BB 39/104
70BB 28/224	70BB 59/118	04RB 71/092	03RB 42/220	30RB 11/133	10RR 13/081	10RB 65/042
10RB 74/038	10RR 75/039	60YY 65/082	10BB 73/039	00NN 62/000	90GY 63/047	90YY 83/036

10YR 16/407	30YR 17/341	50RR 11/286	00YR 08/409	70RR 15/400	10YR 17/465	14RR 09/333
23YY 61/631	25YY 78/232	25YY 79/240	37YY 78/312	17YY 65/420	41YY 83/214	08YY 56/528
45YY 71/426	97YR 44/642	35YY 61/431	01YY 36/694	40YY 48/750	10YY 83/071	50YY 83/114
30YY 80/088	30YY 64/331	20YY 54/342	20YY 46/425	20YY 35/456	20YY 27/225	10YY 16/217
46YY 74/602	55YY 83/060	56YY 86/241	54YY 69/747	52YY 89/117	66YY 85/231	60YY 79/367
60YY 83/156	35YY 86/117	60YY 73/497	60YY 83/125	60YY 62/755	66YY 61/648	70YY 51/669
70YY 83/112	45YY 67/259	40YY 64/165	40YY 49/408	30YY 39/225	40YY 34/446	70YY 25/200
84YY 87/135	90YY 83/107	90YY 83/179	88YY 81/230	70YY 66/510	30GY 83/064	10GY 83/150
10GY 79/231	88YY 66/447	10GY 74/325	90YY 55/560	10GY 61/449	94YY 46/629	90YY 83/071

10YR 83/075	90YY 75/120	10GY 71/180	90YY 48/255	90YY 21/371	90YY 13/177	50GY 16/383
50GG 83/034	30GG 83/075	50BG 76/068	30BG 72/069	56GG 77/156	30BG 64/140	56GG 64/258
50GG 41/379	50GG 11/251	44GG 24/451	50GG 18/253	90GG 57/146	10BG 54/199	30BG 44/248
90GG 38/242	90GG 21/219	10BG 22/248	90GG 08/118	90GG 11/295	10BG 11/278	26BG 09/247
30BB 63/124	50GB 72/170	49BB 51/186	30BB 47/179	36BB 46/231	54BB 41/237	50BG 55/241
61BB 28/291	33BB 32/308	45BB 22/347	31BB 23/340	89BG 37/353	72BB 07/288	52BB 15/410
47BB 14/349	70BG 24/380	99BG 22/432	10BB 13/362	30BB 08/263	10BB 17/269	10BB 07/150
04RB 71/092	10RB 53/115	90BB 53/129	03RB 42/220	70BB 44/144	90BB 36/188	30RB 26/224
70BB 28/224	23RB 11/349	18RB 08/286	15RB 07/237	88BB 11/331	30RB 07/107	10RB 10/116

30RB 11/133	10RR 13/081	30RB 15/086	30RR 19/068	10RR 24/061	10RB 36/086	10RR 41/042
10RB 49/062	70RR 55/044	10RB 65/042	10RB 74/038	10RR 75/039	00NN 62/000	90BG 55/051
30BB 45/015	90BG 48/057	50BG 38/011	00NN 37/000	00NN 25/000	90BG 25/079	30BB 16/031
00NN 16/000	90BG 16/060	30BB 10/019	90BG 10/067	50BG 08/021	00NN 07/000	90BG 08/075
40YY 20/081	30GY 27/036	40YY 25/074	90YY 33/062	50YY 33/065	90YY 40/058	70YY 46/053
68YY 86/042	10YY 75/084	45YY 74/073	70YY 73/083	50YY 74/069	40YY 69/112	10YY 67/089
45YY 67/120	20YY 55/151	30YY 50/176	30YY 53/125	45YY 53/151	20YY 43/200	50YY 43/103
20YY 33/145	30YY 33/145	50YY 31/124	20YY 22/129	10YY 14/080	50YY 12/095	30YY 11/076
10YY 08/093	30YY 08/093	30YY 20/029	30YY 14/070	50YR 13/032	00NN 13/100	30YY 10/038

不同房间的配色速查

我们按照不同房间分别列举了几组常用的配色方案。配色方案中的色号可依照本书正文前的"关于本书的色标"来使用。由于两款墙漆的色彩范围不同，部分空缺为无法对应的色彩。

APPENDIX

餐厅配色速查

优雅浪漫

VC7208-4	NN0003-4	NN3401-4	NN0830-2	OC0508-4	RN0051-4	NN0851-4	OC1740-2
渴望	香盈藕粉	甘草重生	巴黎玫瑰	岩石红	静若处子	祥云缥缈	篝火彩
70BB 83/015	55YR 83/024	90YR 57/293	30YR 29/118	35YY 88/050	82RR 76/111	70YR 66/070	50YR 32/460
冰川灰	浅暖灰	木色	紫褐色	米白色	珊瑚粉		砖红色

简约素雅

OW006-4	NN0003-4	NN2500-1	GC0019-3	GC5670-3	OW005-4	NN0003-4	NN3401-4
暮春	香盈藕粉	黑巧克力	嫩芽绿	山水一色	日色微明	香盈藕粉	甘草重生
	55YR 83/024	00YY 12/173	82YY 74/446	90GG 57/146		55YR 83/024	90YR 57/293
浅灰色	浅骚灰	深褐色	浅黄绿	浅松石色	亮白洁	浅暖灰	木色

促进食欲

ON0041-2	NN3830-2	NN3401-4	ON0058-4	ON0040-3	ON0092-4	ON0025-2	OA2100-1
鸡蛋黄	肃穆佛堂	金棕榈	春雨	芒果布丁	天鹅梦	午后艳阳	巴厘岛
23YY 61/631	30YY 47/236	96YR 33/309	57YY 86/073	32YY 73/398		02YY 55/518	70YR 13/259
棕黄色	浅褐色	棕色				甜橙色	棕红色

清爽田园

GN5140-2	VC7208-4	OW005-4	YC0066-2	GC0019-3	GC4130-2	NN3830-2	NN3401-4
生菜	渴望	日色微明	金沙	嫩芽绿	春色满园	肃穆佛堂	荷兰乳酪
18GY 38/328	70BB 83/015		62YY 78/618	82YY 74/446		30YY 47/236	38YY 85/096
	冰川灰	亮白色	柠檬黄	浅黄绿	浅草绿	浅褐色	米黄色

宁静温馨

GC5780-2	VC0003-4	OW005-4	NN3401-4	GN6107-4	ON0058-4	NN0851-4	NN7380-2
西域奇宝	青花瓷	日色微明	荷兰乳酪	布鲁塞尔灰	春雨	祥云缥缈	阿尔卑斯山
70BB 83/015	70BB 83/015		38YY 85/096	70GY 83/060	57YY 86/073	70YR 66/070	90BG 25/079
	柔和蓝	亮白色	米黄色				

客厅配色速查

北欧风格

NN1360-4	NN1340-2	GN6107-4	GA4100-1	YC0066-2	NN1351-4	NN1310-4	NN7800-1
灰纽扣	深灰	布鲁塞尔灰	枯木逢春	金沙	雪花石膏	马太福音	纯黑
84BG 65/028	00NN 25/000	70GY 83/060	88YY 38/530	62YY 78/618	50GY 72/012	05RB 34/258	00NN 05/000

现代都市

NN2500-1	NN7201-4	NN1360-4	NN7800-1	NN1340-2	NN7201-4	VC7010-4	VC7690-2
黑巧克力	蝴蝶兰	灰纽扣	纯黑	深灰	蝴蝶兰	水晶蓝	忧郁王子
00YY 12/173	50YR 83/010	84BG 65/028	00NN 05/000	00NN 25/000	50YR 83/010	30BB 63/124	50BB 18/216

古典韵味

NN1351-4	NN2570-3	GA5000-1	NN2600-1	OA2100-1	NN3401-4	NN3401-4	RA0500-1
雪花石膏	布莱垦棕	弗罗里达棕	卡布基诺	巴厘岛	金棕榈	甘草重生	激情岁月
50GY 72/012	30YY 53/125	77YY 19/297	30YY 08/082	70YR 13/259	96YR 33/309	90YR 57/293	10YR 17/465

华丽浓郁

RA8100-1	ON2740-2	NN3401-4	VA0100-1	VA8400-1	VC7030-2	GC4090-1	NN7800-1
浪漫彩	万寿菊	金棕榈	江南丝竹	茄花紫	紫丁香	拂堤垂柳	纯黑
88RR 18/464	34YY 61/672	96YR 33/309	70RR 07/100	32RR 09/203	41RB 24/309	92YY 46/608	00NN 05/000

活泼好客

NN0951-4	OA8200-1	YC3040-2	BN0006-2	GA4100-1	ON2740-2	YC2820-3	NN1351-4
静谧米兰	橙黄	阳光普照	海洋之心	枯木逢春	万寿菊	幸运彩	雪花石膏
10YY 75/084	49YR 27/627	54YY 69/747	31BB 23/340	88YY 38/530	34YY 61/672		50GY 72/012

休闲放松

YC0007-2	VC0003-4	VC7690-2	NN3401-4	YV2870-3	NN3401-4	OW005-4	BC5840-2
秋日原野	青花瓷	忧郁王子	金棕榈	茉莉花	荷兰乳酪	日色微明	华烛
23YY 61/631	70BB 83/015	50BB 18/216	96YR 33/309	53YY 83/348	38YY 85/096		88GG 32/346

卧室配色速查

时尚前卫

VC0029-1	ON2740-2	NN7800-1	GC5780-2
紫青	万寿菊	纯黑	西域奇宝
10RB 11/250	34YY 61/672	00NN 05/000	70BB 83/015

RN0051-4	RA1400-1	NN7800-1	VC7690-2
静若处子	战地女神	纯黑	忧郁王子
82RR 76/111	10YR 14/348	00NN 05/000	50BB 18/216
珊瑚粉			鸽蓝色

温和典雅

NN4720-3	NN3401-4	NN7201-4	NN1360-4
稻田飘香	荷兰乳酪	蝴蝶兰	灰纽扣
47YY 62/143	38YY 85/096	50YR 83/010	84BG 65/028
浅茶色	木黄色	灰白色	浅中灰

NN4990-2	NN4970-3	NN1310-4	OW002-4
草原风暴	卡其布	淡灰	浅莲灰
70YY 26/137	40YY 51/084	50YY 63/041	

温馨舒适

NN0003-4	OC2251-4	OW005-4	VC7151-4
香盈藕粉	十月红雾	日色微明	夜来香
55YR 83/024	25YR 71/129		83BB 71/082
浅暖灰	贝壳色	亮白色	蓝灰色

NN3401-4	OC0508-4	NN2570-3	YC3040-2
金棕榈	岩石红	布莱垦棕	阳光普照
96YR 33/309	35YY 88/050	30YY 53/125	54YY 69/747
棕色	木白色	暖灰色	月亮黄

自然清新

NN4720-3	OW069-4	GC0020-2	YC0066-2
稻田飘香	杨枝玉	青柠乐园	金沙
47YY 62/143		88YY 66/447	62YY 78/618
浅茶色		黄绿色	炉橙黄

NN0001-4	OW002-4	VC0003-4	GA8800-1
舒适	浅莲灰	青花瓷	嫩黄绿
		70BB 83/015	16GY 54/615
		柔和蓝	

女性卧室

YC2860-4	YC3040-2	RC0280-2	RC0251-4
大波斯菊	阳光普照	雪玫瑰	荷仙姑
62YY 83/382	54YY 69/747	50RR 32/262	19RR 78/088
	月亮黄		

OW006-4	RN0051-4	NN0830-2	VC7690-2
暮春	静若处子	巴黎玫瑰	忧郁王子
	82RR 76/111	42RR 26/194	50BB 18/216
木灰色	珊瑚粉	紫褐色	鸽蓝色

男性卧室

VA7100-1	NN2570-3	GN5080-2	OA2100-1
夜色寂静	布莱垦棕	狮峰龙井	巴厘岛
70BB 10/275	30YY 53/125	10GY 40/296	70YR 13/259
藏青色	暖灰色		棕红色

NN0003-4	GA4100-1	NN2630-2	NN2600-1
香盈藕粉	枯木逢春	樵夫	卡布基诺
55YR 83/024	88YY 38/530	10YR 28/072	30YY 08/082
浅暖灰	橄榄绿		黑棕色

厨房配色速查

复古深邃

RA1400-1	NN1340-2	NN0004-4	NN7800-1		NN2600-1	NN3401-4	NN1310-4	OA2100-1
战地女神	深灰	复古橡粉	纯黑		卡布基诺	甘草重生	淡灰	巴厘岛
10YR 14/348	00NN 25/000	30YR 73/034	00NN 05/000		30YY 08/082	90YR 57/293	90YR 57/293	70YR 13/259
	灰灰色				黑棕色	木色		棕红色

时尚前卫

YC3040-2	NN3401-4	VA0001-1	NN0037-4		ON2740-2	RA8100-1	BC5840-2	NN1351-4
阳光普照	冬之心	紫茄	太空漫步		万寿菊	浪漫彩	华烛	雪花石膏
54YY 69/747	30BB 33/235	42RB 14/320	28BB 72/039		34YY 61/672	88RR 18/464	88GG 32/346	50GY 72/012
月桑黄						紫红色	荷绿色	

简约大气

NN0004-4	NN2570-3	OW005-4	NN1300-1		NN7101-4	NN1340-2	OW061-4	NN3920-3
复古橡粉	布莱垦棕	日色微明	黑土地		翩翩紫蝶	深灰	明斯克灰	冰河灰
30YR 73/034	30YY 53/125		00NN 13/000			00NN 25/000		39YY 53/067
	暖灰色	亮白色				灰灰色		

质朴田园

NN3401-4	OW014-4	NN4880-2	GA4100-1		NN0037-4	NN2570-3	OA1800-1	NN3700-1
甘草重生	绮丽	胡椒树	枯木逢春		太空漫步	布莱垦棕	鲜橙飘香	乡村土布
90YR 57/293		49YY 46/310	88YY 38/530		28BB 72/039	30YY 53/125	70YR 30/651	30YY 20/193
木色			微微绿			暖灰色		

淡雅柔和

RN0038-3	VC0051-4	OW002-4	OW005-4		OW061-4	NN3401-4	VC0042-4	NN2570-3
拉丁女郎	魔幻精灵	烟紫	日色微明		明斯克灰	荷兰乳酪	樱花粉	布莱垦棕
90RR 51/191	69RB 70/114					38YY 85/096		30YY 53/125
			亮白色			米黄色		凝灰色

明快亮丽

GC0019-3	GC0020-2	NN3401-4	ON2740-2		YC2820-3	OW058-4	BC5920-3	NN0003-4
嫩芽绿	青柠乐园	细雪飞舞	万寿菊		幸运彩	蟹壳青	镜湖倒影	香盈藕粉
82YY 74/446	88YY 66/447		34YY 61/672				17BG 60/228	55YR 83/024
浅黄绿	黄绿色							浅暖灰

卫浴配色速查

浪漫雅致

RA1400-1	OW061-4	NN0003-4	NN1360-4	NN3401-4	NN7101-4	RN0051-4	VC0003-4
战地女神	明斯克灰	香盈藕粉	灰纽扣	荷兰乳酪	翩翩紫蝶	静若处子	青花瓷
10YR 14/348		55YR 83/024	84BG 65/028	38YY 85/096		82RR 76/111	70BB 83/015
		浅暖灰	浅中灰	米黄色		珊瑚粉	柔和蓝

清爽淡雅

VC0003-4	BN0007-2	OW002-4	NN0037-4	OW061-4	BC0017-4	BC5701-4	OW065-4
青花瓷	比利时蓝	烟紫	太空漫步	明斯克灰	细雨	萧瑟西风	迷情白
70BB 83/015	51BB 27/310		28BB 72/039				
柔和蓝							

洁净朴素

OW005-4	NN0003-4	NN2570-3	NN2630-2	OW002-4	NN3401-4	NN1351-4	NN1340-2
日色微明	香盈藕粉	布莱垦棕	樵夫	烟紫	荷兰乳酪	雪花石膏	深灰
	55YR 83/024	30YY 53/125	10YR 28/072		38YY 85/096	50GY 72/012	00NN 25/000
亮白色	浅暖灰	暖灰色			米黄色		深灰色

沉稳厚重

NN3830-2	GA5000-1	OC0508-4	OA2100-1	NN2570-3	OA0004-1	RA1400-1	NN2600-1
肃穆佛堂	弗罗里达棕	岩石红	巴厘岛	布莱垦棕	孟加拉	战地女神	卡布基诺
30YY 47/236	77YY 19/297	35YY 88/050	70YR 13/259	30YY 53/125	70YR 30/651	10YR 14/348	30YY 08/082
浅褐色		米白色	棕红色	暖灰色			黑棕色

极具格调

NN7207-4	NN1351-4	NN3970-3	NN1300-1	VC0029-1	OW061-4	NN7800-1	NN2610-4
科罗拉多	雪花石膏	故路尘封	黑土地	紫青	明斯克灰	纯黑	咔叽灰
	50GY 72/012	30YY 46/036	00NN 13/000	10RB 11/250		00NN 05/000	67YR 56/055

轻快愉悦

OW006-4	NN0003-4	GC0019-3	NN2500-1	YC3040-2	NN3401-4	OW058-4	VC0003-4
暮春	香盈藕粉	嫩芽绿	黑巧克力	阳光普照	荷兰乳酪	蟹壳青	青花瓷
	55YR 83/024	82YY 74/446	00YY 12/173	54YY 69/747	38YY 85/096		70BB 83/015
木灰色	浅暖灰	浅蓝绿	深褐色	月亮黄	大黄色		柔和酪